巡山报告

现代中国人从哪里来

王立铭 著

湖南科学技术出版社

推荐序 一

《巡山报告》是王立铭教授在 2019 年开始的一项宏大的计划。年轻的立铭教授想用 30 年的时间，持续观察和分析全世界范围内，特别是中国大地上发生的生命科学重大事件，按月发布报告，并在每年年底整理其中的重大事件汇集成书。我觉得，他这项雄心勃勃的计划兼具时代观察和历史文献的双重价值，定能够帮助相关领域的从业者看清生命科学进展的历史沿革和未来方向，帮助更多的人理解生命科学技术对人类世界将要产生的深刻影响。

　　当今时代生命科学技术发展日新月异。作为一门以生命，特别是我们自己身体为研究和审视对象的学科，生命科学的发展将带动医学的进步，提高人类的生活质量，但它也有可能危及人类尊严与根本的道德和伦理底线，为整个人类世界带来负面影响乃至灾难。而由于基础研究特性使然，很多时候，生命科学的突破在刚刚出现的时候，可能人们还不能完全领会它的价值，需要相当长的一段时间，才会展示出它的重要影响。这就需要我们在审视生命科学进步的时候，兼具历史和未来的双重视角，甚至站在人类文明发展的战略高度，做及时和理性的度量。在我们中国的土地上，伴随着科学研究的快速进步，对正在发生、将要发生的生命科学进展中的众多事件，也需要给予仔细的审视、梳理和探究。

我认为王立铭教授是能够开启这项工作，并完成这份事业的。立铭教授是一位优秀的神经生物学家，同时又是生命科学领域一位出色的科普作家。从 2015 年起，他已经出版了几本大众科普著作，如《吃货的生物学修养》《上帝的手术刀》《生命是什么》《笑到最后》，都受到了各领域读者的广泛认同，产生了巨大的社会影响。立铭教授的作品有非常突出的优点，他仍工作在生命科学研究第一线，熟悉科学研究的规律和逻辑，因此在讨论重大科学问题和最新技术突破的时候，相关科学知识丰富准确、有根有据、逻辑严密。而且，他擅长把当下正在发生的科学技术事件，放在更大尺度的时空背景下进行审视，讨论它们的历史渊源和未来可能的发展趋势。正如立铭教授所说，我们需要习惯把当下许许多多正在发生的科学事件，放到更大的时空尺度里去冷静分析，看清楚它可能对我们每个人，对我们所有人，意味着什么。在我看来，这正是理解科学发展和文明演进逻辑的好方法。作为一位科学家，立铭教授还拥有让人惊喜的叙事技巧和难能可贵的人文关怀。在他的笔下，高深复杂的科学事件总能够化作一个个抽丝剥茧、引人入胜的科学故事，即便是外行也能读得津津有味并沉浸其中，并且在掩卷之后忍不住去思考这些故事背后蕴含的意义。

在我看来，立铭教授和他的《巡山报告》计划，将会是我们这个时代难能可贵的科学思考，也将会是我们这个时代留给未来的宝贵遗产。我想，不管你是生命科学的研究者，还是相关产业的从业者，又或者是对生命科学充满兴趣的普通人，都值得读读王立铭教授的这本书，也应该持续关注他的《巡山报告》计划。就像立铭教授自己在后记中说的那样，他的书里描绘的是正在发生的历史，正在伸展的未来。这些发生在当下的重要事件，也一定会在未来反复回响。

韩启德

北京大学科学技术与医学史系主任

中国科学技术协会名誉主席

推荐序 二

来，这边走

当我还很年轻青涩的时候，我根本读不懂沃尔特·惠特曼。我不理解为什么他能从一个仍然粗俗、狂野、偏执的国家里看出诗意。后来，我才明白，伟大一开始往往就是这样的。

伟大一开始是混乱的，狂躁的，笨拙的，迟疑的，黯淡的，焦虑的，迷茫的，时常走错路，时常自我怀疑，总是习惯模仿甚至抄袭，总是处在边缘地带，总是被人冷落和误解。

然后，伟大要经受挫折，经历磨难，经过转变，才能变成公认的伟大。

伟大会变成有序的，沉稳的，精致的，刚毅的，灿烂的，从容的，自信的，知道自己的方向，懂得自己的力量，敞开胸襟拥抱未知，如日月在天，人皆见之，人皆仰之。

但是，还有一种伟大，就是在伟大还没有变得伟大之前，就已经知道它很伟大，比如，惠特曼。

惠特曼告诉我们："对于要成为最伟大诗人的人，直接的考验就在今天。"

想象你是一个平民，不小心闯入了一片鏖战正酣的战场。远处炮声隆隆，身边却是死一般的沉寂。硝烟和浓雾混杂在一起，让你看不清方向。前方的密林深处，影影绰绰，似乎隐藏着什么。你心中慌乱，手心出汗，不知该何去何从。

这时候，一个温和而坚定的声音在你的身边说：来，这边走。

听到这一句话，你心里会是什么感受？

王立铭教授的新书《巡山报告》就是要带领像你我一样的外行，深入到生命科学研究的一线，到能听得见炮火的地方，亲身感受真实的科学前沿。生命科学，将在21世纪爆发一场革命，而我们有幸在王立铭教授的指引下，在伟大变成公认的伟大之前，就理解它的伟大之处。

王立铭教授既是生命科学领域的一名新锐青年学者，又像是一个随军记者，为我们现场做实况报道。王立铭会教我们分辨谎言和真相。他伏在我们的耳边，轻声告诉我们，哪里是我方的阵地，哪里是敌方的阵地，谁是友军，谁是叛军。王立铭会带我们到山头，给我们指点整个战场的布局，为我们分析双方的攻守之势，详细解释各种可选的战术，帮我们做沙盘推演。王立铭会教我们如何自我保护：为什么要戴钢盔，怎么避开雷区，怎么寻找掩体。你会学到生命现象算法的真谛，你会观察到科学的洋流，你会体验到学术的江湖。

这本书是一个系列。王立铭承诺，要一直写30年。

我总算有了一个伴。2018年，我给自己定了一个长期的研究计划，打算每一年写一本书，记录中国从2019年到2049年这30年的变化。我原本以为这是一段漫长而寂寞的朝圣之旅，没想到很快就有了同行者。

在未来的 30 年，可以预见，中国的科学研究将厚积薄发，王立铭这一代年轻学者将见证一个群星璀璨的时代，他们会站在全世界的科学研究前沿。伟大在被公认为伟大之前，自己都不知道自己有多伟大。当海明威和菲茨杰拉德在巴黎街头晃荡的时候，他们肯定不会去想，自己已经是世界上最伟大的作家了。当时，人们都觉得欧洲才有文化，美国不过是个暴发户。然而，事后去看，我们知道，那时，海明威和菲茨杰拉德已经写出了自己最优秀的作品，他们当然是世界上最伟大的作家。

我们不必着急。路要一步步走，风景要一起去看。

何　帆
《变量》作者
上海交通大学安泰经济与管理学院经济学教授

推荐序 三

在过去一两年里，我和王立铭教授有过几次接触，注意到他不仅是一位优秀的神经生物学家，还是位已经有了些名气的科普作家。他请我为《巡山报告》写序。说实话，我现在的视力比以前差了许多，便不大喜欢读小小字体的书本，但立铭的《巡山报告》使我本能就有极大的兴趣甚至是一种冲动要去读。

当然，邀请我写序，无疑能促使我更认真地去思考一些问题。以前我也曾给老同学或老朋友的作品写过序，体会到这是一项比较费力的却也是很有趣味的工作。不但要读书，还要查询必要的资料，最重要的是必须细细思考其作品的特点，给出该书的介绍和评论，起到推荐和扩大影响的作用，实际上这也是给写序人一个深度学习的机会。再说这位戴着一副黑边眼镜、长着圆圆娃娃脸的年轻人在2018年底已经立下宏志，要从2019年开始他的《巡山报告》的写作长征之旅，每年出版一本，坚持30年！这绝对是一个罕见的壮志，我衷心地、强烈地支持这位年轻科学家的壮举。

我国几十年来的经济发展创造了奇迹，但国民素质特别是科学素质的提升未能和经济发展同步。在现阶段不可预见性陡然增加的复杂形势下，独立自主的高科技创新是我国可持续性发展、在未来十五年基本实现社会主义现代化远景目标的关键和核心。人民大众也比以往任何时候更需要生命科学和医学的知识，不仅对自己和家庭，作为社会一员，这也是执行应负的社会责任的需要。

80后的立铭教授如此年轻，知识面却如此广博，对于世界生命科学研究的进展非常敏感，并能以高度的鉴赏力进行挑选、分析、评价，难能可贵的是他能迅速地把过去一年中出现的重大科学发现或科学事件放在科学层面再加工，放在人文层面再审视，而且用人们容易接受的生动语言和娓娓道来的讲故事的形式呈现给广大公众。如立铭教授说的，"科学世界纷繁复杂，大部分最新的理论和实验进展与普通人的日常生活没有太大关系。重要的是传播科学的逻辑，就是当我们面对一个未知的新事物时，知道用什么样的方式来思考，以什么样的态度来面对"。这才是他立志每年出一本《巡山报告》的初衷，也是《巡山报告》的真谛——提高国人用科学的态度、科学的眼光、科学的原则、科学的逻辑、科学的方法分析各种问题的能力。授人以渔而非授人以鱼，这是从根本上提升国民科学素质的一条有效途径。我们都知道，做一件大事也许不太难，很多人能做到，可是一直坚持做几十年的人大概就寥寥无几了，而立铭要坚持连续做《巡山报告》30年！

立铭善于用讲故事的方式介绍科学知识，我尤其喜欢他讲故事的逻辑性，我刚想到"为什么呀"，他的下一个问题就及时地来回答了，就这样一个又一个接踵而来的问题把整个故事阐释得一清二楚。由于讲的是科学故事，内容不失严谨，重要的史实都引有明确出处，分析和解释都是从多个角度、多个层次展开，所以故事结局令人信服。对于一些有争议的科学问题，立铭作为科学家，不是绕道回避，而是以尊重科学的态度，以探求真理为目的，实事求是为准则，坦诚地发表自己的见解，同时也介绍各方不同的观点。特别是讨论到人类与病毒的关系这个与其说是科学不如说是哲学的问题、世界观的问题，又为读者打开了多面窗户，给予他们自己发挥的空间。他的语言富有时代气息，读他的书让我体会到年轻人的情感，感受到年轻人的幽默，学习到年轻人喜闻乐见的用语，所以阅读的心情十分愉悦。

立铭有个观点，"我觉得，现在中国的科学界可以多元化一些。除了鼓励科学家们专注基础研究本身，我们也应该支持热心专注研究的科学家、专注产业化的科学家、醉心教育的科学家、热爱科学传播的科学家等"，我除了认同还要加上支持。今天科学传播已经发展成为一门新兴的交叉学科，我们国家现在尤其需要专业的科学传播专家，也需要更多像立铭这样的热爱科学传播的科学家，两路大军齐心协力，有助于中国公众较快地成为世界上具有高科学素质的人群。

当今世界，科学，尤其是生命科学，深刻地影响甚至干预着社会进步和人类生命、健康，乃至整个地球上的人的全部生活。2020 年人类应对由新冠病毒引起的一种全新的疾病就是最好的例子。人类生活的地球，存在无数的生命形式，人和它们中的大多数必须友好地共处共存。2020年，就那个极小的、最简单的，甚至还称不上真正生命的新冠病毒对人类发动了一场你死我活的战争，战争现在还在继续，没有结束。从这场战争中，人类对自己与环境和其他生命的关系获得了新的认识，制定了新的应对策略，这就是科学，尤其是生命科学在人类文明发展历史中的不可替代的地位和作用。

因此我断言，每个人都会喜欢读这本书，觉得这本书值得一读，并且急切地期待着读他接下来要出版的每一本《巡山报告》。

王志珍

中国科学院院士

中国科学院生物物理研究所研究员

自序

这本《巡山报告》，是一套年度报告系列丛书的第三本。

每一年，我都会为你追踪那些可能会影响整个人类世界的生命科学重大事件，按月发布报告，按年整理成书。这件事，我承诺会坚持到底。

为什么要做这件事呢？

为了历史，也为了未来。

对于古老而年轻的生命科学来说，我们身处一个波澜壮阔的伟大时代。

说它古老，是因为探究生命乃是地球村各个文明天生的冲动。2000多年前的古希腊先哲亚里士多德，就已经在尝试解析生命的本质，为纷繁复杂的地球生命形态绘制图谱。

说它年轻，是因为一直到1953年脱氧核糖核酸（DNA）双螺旋结构大白于天下，人类才真正开始从物理世界的最底层理解生命本质。在人类科学的疆界内，生物学可能是最稚嫩的一门学科。至今，我们对生命现象的理解，空白要远远多过已知。

到了今天，这门学科孕育的年轻的冲击力，将要在我们面前，彻底重塑人类世界习以为常的生活方式、社会结构，乃至道德观念。

这个大时代当中所有光明和黑暗的角落，都可能对我们每个人、我们所有人产生影响。

光明是毋庸置疑的。

2003 年，人类基因组计划完成，编码人类生命的 30 亿个 DNA 碱基序列从此大白于天下。这些信息已经开始被用来仔细分析一个个人类个体的疾病风险、健康状况甚至是性格特点。

2010 年，第一个"人造生命"诞生，它细胞深处的 DNA 分子完全由人工合成而来。在人造生命的基础上，修改甚至是设计生命已经不再是一个纯粹科幻的话题。

2013 年，美国"脑计划"启动，带动世界各国纷纷跟进，人类开始向双耳之间的神秘小宇宙进军。我们仍然对人类智慧的秘密所知甚少，但是我们也开始慢慢理解为什么人类会拥有语言、拥有同理心、拥有独一无二的智慧。

2018 年，诺贝尔生理学或医学奖授予癌症免疫疗法，正式标志着人类拥有了一种对抗众病之王的革命性武器。

不少科学家乐观地估计，到 21 世纪末，人类的平均寿命将达到 100 岁。我们有理由乐观，在我们这代人的有生之年，生命科学的进步将彻底重塑我们的身体状况、生活方式，乃至社会结构。

但是伴随着光明，生命科学也陷入了前所未有的怀疑和危机当中。

2015 年，《华尔街日报》的一篇报道揭穿了百亿美金独角兽公司希拉洛斯（Theranos）的真相，医学检测领域的一个当代传奇轰然倒地。

2018 年，哈佛大学宣布撤回 31 篇围绕心脏干细胞的研究论文，宣告这个红火了十几年的前沿研究领域是个彻头彻尾的骗局。

就在我决定开启巡山报告的 2018 年年底，震惊世界的"基因编辑婴儿"事件，又在考问我们，狂飙突进的生命科学研究究竟有无伦理和监管的边界。因为贺建奎这位疯子科学家的疯狂举动，整个人类世界都被带到了历史和未来的临界点。

而在这一切的背后，还隐藏着更深刻的疑问：关于每个人类个体、关于人类这个物种、关于人类的未来，操起生物学这把利器，我们究竟能做什么，我们又不能做什么？

而更要命的是，因为专业的天然门槛，因为传播中的扭曲，因为人性和理性的天然对抗，面对着可能交织着光明和黑暗的未来，可能大多数人的反应会相当迟钝，甚至是肤浅。

我想，我们特别需要的，是一点专业判断，再加上一点历史感和文献视角。我们需要习惯把当下许许多多正在发生的科学事件，放到更大的时空尺度上去冷静分析，看清楚它可能对我们每个人，对我们所有人，意味着什么。

这就是《巡山报告》的由来。

这是一次试图用文字记录、评论，甚至战胜时间的实验。

我想为历史写作，我希望能够做到，用留待后人审视的态度，来记录当下发生的热热闹闹的历史。

　　　　　　　　　　现代中国人从哪里来

我也想为未来写作，我希望能够做到，用推演未来的思维方式，来看待今天开始的仍然微弱的未来。

　　在遥远的未来，也许我们的子孙后代们正在享受生命科学点亮的阿拉丁神灯，会嘲笑我们过度的谨小慎微和心惊胆战。但是也有同样的可能性，我们亲手打开的潘多拉魔盒，将会把他们的命运带向晦暗不清的未来。

　　而未来在哪里？

　　未来在我们这一代人的手中，在我们这一代人的眼里。

　　欢迎你来到我们第三年的巡山之旅。

　　在此后的 28 年，我们不见不散。

第一章

现代中国人从哪里来？ 1

第二章

AlphaFold2横空出世，人工智能进军生命科学 25

巡山大事记
科学前沿
1 鸟类智慧的秘密 48
2 人类相貌的基因大数据分析 53
3 植物基因的"水平漂移" 57
4 植物生长中的相分离现象 62
5 人－猴嵌合体胚胎 67
6 脑机接口新进展：意念写 75
7 镜像DNA信息存储 82
8 新型RNA投送系统 88
9 用二氧化碳合成淀粉 95
10 长寿的遗传学 100
11 细菌死亡的防御作用 107
12 "山中因子"逆转衰老 113

疾病研究
13 全新降脂药物获批，RNA药物时代开始 118
14 抗衰老"神药"NMN的人体临床试验 124
15 本土诞生的第一个"best-in-class"新药 129

16 在争议声中，美国FDA批准了近20年来首款阿尔茨海默病新药　　135

17 肥胖症新药华丽登场　　142

18 代谢和衰老研究的新突破　　145

19 新冠病毒溯源新进展　　147

20 针灸抗炎的神经生物学基础　　153

21 1型糖尿病的干细胞疗法　　159

22 肠道菌群和自闭症　　163

23 新型工具治疗遗传疾病　　168

学界动态

24 利用民间力量支持原创科研，生物医学峰基金正式启动　　173

25 围绕神经细胞转分化技术的争论　　178

致谢　　183

第一章 现代中国人从哪里来？

话说有这么一个段子，我猜你肯定听过：新冠肺炎疫情期间，每个学校、居民区、写字楼的保安人员都变成了哲学家，看到谁都是灵魂三问——你是谁？你从哪里来？你要往哪里去？

　　这当然是个笑话了，但这个笑话的笑点抓得还是挺到位的。对于每一个有自省能力的现代人来说，关心自己的身份认同，关注自家文化和自己族群的来路和去处，大概都是无法避免的终极问题。

　　至少对于咱们中国人来说，这三个问题回答起来还真是挺不容易的。虽然人类起源的研究已经红火了很多年，特别是用 DNA 序列的变化研究人类起源、迁徙和融合在过去30 多年里非常火热，但针对东亚地区的研究一直非常稀少。从某种程度上说，这也有点算一个"卡脖子"的问题，毕竟人类古 DNA 研究的技术门槛不低，大部分工作又主要是在美国和欧洲开展的，关注的焦点显然不在遥远的东方。

　　让人兴奋的是，在过去这几年时间里，由中国科学家开展的人类古 DNA 研究开始逐渐崭露头角。2021 年，就有几项中国科学家主导的研究恰好都和这个话题有关。他们的研究从不同角度出发，丰富了我们对于现代中国人来源的认识。

1

要说清楚这个问题，我们得先聊一个更大的话题——今天居住在世界各地的人最早是从哪里来的？

这个问题在中学生物课上就有讨论，结论你应该还记得：生物学意义上的现代人，学名叫作 *Homo sapiens*，属于脊索动物门-哺乳纲-灵长目-人科-人属-智人种，起源于20万 ~ 30万年前的非洲。今天地球上生活的所有人类个体，不论国籍、肤色、高矮胖瘦，祖籍全都可以追溯到非洲大陆。

这个说法有什么证据呢？

其实，"现代人起源于非洲"这个理论最早是进化论的老祖宗达尔文提出来的。达尔文在写出了《物种起源》这本巨著之后，很自然的想用自己的理论解释一下人类的起源问题。按照他自己提出的进化理论，地球生物拥有一个共同的祖先。在漫长的时光里，这个祖先的子孙后代通过可遗传的变异、生存竞争和自然选择，在丰富多样的地球环境里形成了成千上万的独特物种。有些物种比较接近，说明它们的共同祖先出现得晚，彼此分开的时间比较短；有些物种则相差甚远，说明它们可能很早就彼此分开、独立进化了。

按照这个说法，想要解决现代人的起源问题，最自然的方法就是看自然界哪些物种和人类最接近，然后顺藤摸瓜寻找这些物种和人类的共同祖先。达尔文关注到了大猩猩和黑猩猩这两种生物，认为它们就是人类最近的亲戚。

后来证明，这个看法惊人的准确。而既然大猩猩和黑猩猩的原产地都是非洲大陆，达尔文自然就认为现代人也是从那里和两个亲戚分道扬镳，从此独立成家的。后来证明，这个看法也惊人的准确。

其实从技术上说，达尔文这个结论当时并没有什么像样的证据来支持，自己演绎的成分很多。比如一个很简单的问题就是，凭啥猩猩们生活在哪里，人就得是哪里起源的？猩猩们也可以是后来才迁移到非洲大陆的嘛。但大神就是大神，随便这么一猜，结果还真猜对了。

而在最近30多年的时间里，"现代人非洲起源"的理论得到了大量证据支持，特别是DNA证据的支持。

比如人们发现，在全世界范围内，人类基因多样性最多的地区就是非洲，比全世界其他地区加一块还要多。非洲一个原始部落——比如著名的桑人（人类已知最古老的民族）部落里——随便两个人之间的基因差异，可能比中国人和法国人之间的差异还大。最简单的解释就是，人类祖先原本就生活在非洲，其中只有一小群人从非洲离开，走向了全世界。这群出走的人，他们的遗传多样性当然就大大下降了。

打个比方你就好理解了。你从国家图书馆里随便拿一麻袋书回家，每一本复印几千次，放在一起，数量上看倒是也能办一个山寨图书馆。但毫无疑问，你这个图书馆书籍的多样性肯定远远不如国家图书馆。

利用DNA信息，科学家还能推测出人类离开非洲，一路迁移的路线图。这就要说到著名的"线粒体夏娃"和"Y

染色体亚当"的研究了。

我简单介绍一下研究的思路。线粒体是人体细胞中的一个微型细胞器,主要负责生产细胞活动所需的能量。这个细胞器比较独特的地方是,它有一套自己的遗传物质——一个由16000多个碱基对构成的环形DNA分子。更有意思的是,我们知道,每个人体内的遗传物质都来自父亲和母亲,两边的贡献基本是一半对一半。但线粒体DNA完全来自母亲的卵细胞,父亲对此毫无贡献,而且还不产生干扰。因此,通过分析线粒体DNA序列的变化情况,我们可以重构人类母系家族的历史。谁是谁的女性祖先,谁是谁的女性后代,她们相隔多少时光,都可以从线粒体DNA上推算出来。

比如,你在东北找到了三个人,她们虽然不住在一起,但她们体内的线粒体DNA序列几乎完全一样。与此同时,第一个人的线粒体DNA上有一个突变A,第二个人有突变A和B,第三个人有突变A、B和C。那么,一个可能的猜测就是,这三个人其实是一家子的,分别是外婆、女儿和外孙女。这三个人当中,外婆是线粒体夏娃,她在生孩子的时候把自己的线粒体DNA突变A遗传给了女儿,同时,因为生育过程中的基因复制错误,让女儿获得了一个新的突变B;到了外孙女,故事重演,带了A、B、C三个突变。原则也很简单,后代会继承先代的基因变异,而且会时不时增添新的变异。当然你肯定也能想到,子孙传代过程中也有可能把祖先的变异给重新抹掉的所谓"回复突变",但它出现的概率是相当低的,不影响这种分析方法的有效性。

类似线粒体 DNA 之于女性，男性特有的 Y 染色体只能从父亲传儿子，不会被妈妈的 DNA 干扰，因此也能很好地用来推算父系家族的历史。

如果把这个故事的时间尺度放大几千几万倍，基本就是科学家们找到"线粒体夏娃"和"Y 染色体亚当"的思路。

我再打个比方说明一下这个思路。比如，科学家们分析了大量现代人的线粒体 DNA 序列，发现蒙古高原的人线粒体 DNA 上有基因突变 A，北美地区的原住民体内有突变 A 和 B，南美原住民体内则有突变 A、B、C。那么，一个合理的猜测就是，人类的祖先是顺着这条路从蒙古穿过白令海峡走到北美，然后一路南下，穿过巴拿马地峡到达南美洲的。这一路上生儿育女，留下后代在当地定居，因此就把特征性的基因突变给留下来了。

更进一步的，科学家们还能大概推测出线粒体 DNA 出现一次变异需要多少时间。大致来说，任何一个特定位置，大概每代人只有一千万分之一的概率发生变异。拿这个数字当作计时器，就能进一步还原出祖先们到达不同地区的大致时间。现代人的母系和父系祖先，也就是传说中的线粒体夏娃和 Y 染色体亚当，都生活在 20 万～30 万年前的非洲。这个信息当然进一步确认了现代人的非洲起源理论。

当然，在上面这个比方里你肯定也能想到，光是依靠 A、B、C 这三个突变做推论，其实有点勉强。所以一般来说，古人类 DNA 的研究往往还需要其他学科的证据支持。

我们还是用这个比方说事。比如正在研究的这三个东北女性，除了基因变异的信息之外，年龄差距恰好是一个比一个年轻二三十岁。不光如此，这三个人做饭的口味也很像，都是喜欢番茄炒鸡蛋多放辣椒；说话习惯也挺相似，都喜欢带一个"你瞅啥"；长相也像一家人，都是丹凤眼、小嘴巴，那这个祖孙三代的结论就更可靠了。

实际上，科学家们在做人类起源研究的时候也是这个思路，他们会关注古人类化石的发掘和特征比较、古人类使用的工具的差异、文化特征的差别、语言文字的变化等。如果这些信息和DNA的变异规律能对上，当然说服力就更强。

我还要纠正一个很常见的误解。线粒体夏娃和Y染色体亚当，并不是说在几十万年前地球上就一个女人、一个男人，他们周围完全可以生活着大量的伙伴，也都能生孩子。更不是说他们必须是夫妻——实际上这两个人完全可能相隔好几万年。

这两个人能成为夏娃和亚当，单纯是因为巧合。这里面的道理我打个比方你就明白了。假设你身边，有一对夫妻生了两个儿子、两个女儿。那孩子的爷爷、奶奶、外公、外婆都对孩子有基因层面的贡献，基本每人贡献了1/4。但是这几个孩子的线粒体夏娃是谁呢？是他们的外婆，可不是奶奶！因为奶奶的线粒体传到儿子这儿就断掉了；而几个孩子的Y染色体亚当是他们的爷爷，外公可不算，因为外公生的是女儿，自己的Y染色体没有人继承！你看，在这个故事里，线粒体夏娃和Y染色体亚当可不是一家人。所以说回线粒体夏娃，她特别幸运的地方就是从20万年前至今，他们的每一代后代里至少都有一个女性。别的祖先当然也会传递遗传信息给后代，但只要这上万代人的传承中有任何一代没生出女儿，线粒体就被丢掉了。

简单总结一下线粒体 DNA 和 Y 染色体 DNA 分析所展示的人类起源和迁移的路线图。这张线路图里的信息主要来自人们对现代人线粒体 DNA 和 Y 染色体 DNA 序列的分析和比较。

20 万 ~ 30 万年前，最早的智人，也就是现代人的直接祖先出现在非洲大陆，并在那里生息繁衍，开枝散叶。

到了 5 万 ~ 10 万年前，一小批人类祖先开始通过阿拉伯半岛走出非洲。在今天的近东地区，他们分道扬镳，一支向西进入欧洲；一支向东北进入中亚和西伯利亚；还有一支向东南沿着海岸线进入今天的印度、东南亚和中国。

再往后，可能在两三万年前，后面这两支一路迁徙的祖先在西伯利亚会合后，穿过冰封的白令海峡进入今天的阿拉斯加，并花了一万年时间从北向南占领了整个美洲大陆。

最后一波大迁移发生在最近一万年之内。来自中国东南沿海的人类祖先驾着独木舟乘风破浪，先后来到今天的中国台湾地区和东南亚，此后又继续南下，在太平洋的小岛上找到了安身立命之所。最后一批探险家坐着独木舟挺进新西兰和复活节岛，那是公元 1000 年以后的事情了，那时候中国已经在宋朝统治下了。

到这个时候，这场持续几万年的大迁移才算基本告一段落。

这就是对现代人进行 DNA 序列分析，为我们提供的关于祖先来源的线索。

我必须强调一下，这张路线图所展示的情形肯定是过度简化了的。一个核心的原因在于，它的分析主要建立在现代人线粒体 DNA 和 Y 染色体 DNA 的序列分析之上，呈现的是人类祖先漫长迁移后的一个结果，就像一部漫长电影定格在片尾的"截图"，祖先们迁移路上发生的各种曲折故事在这张截图里是很难看到的。

比如，如果有一批祖先在经历了漫长的迁移之后，因为种种原因彻底灭绝了，并且没有留下后代，或者只对现代人的 DNA 有非常微弱的贡献，那通过分析现代人的基因序列就不太可能还原出他们的故事。即便他们可能曾经人数众多，独霸一方，但是没有在现代人的 DNA 里留下印迹。

再比如，人类祖先走出非洲的时候，肯定不是这么目标明确、路线清晰的。他们很可能会在一个水草丰美的地方住下来，一住就是上千年，直到环境特别恶劣或者人口膨胀住不下了，才会无奈地再次搬家。在搬家的路上，大概率也不是闷着头一直赶路，而是走走停停、走回头路甚至走几次回头路都是很自然的事情。毕竟祖先们的目的是找一个地方活下去，而不是替我们探索地球。

所以，也许一个更有可能的人类迁移路线图不是像一根箭头一样穿出非洲，扩散到全世界，而是像一个毛线团，线头彼此交织缠绕在一起。可能我们的祖先并不只走出过一次非洲，而是在几万年、十几万年的时间里多次分批走出非洲，甚至还会走出非洲之后又回到老家。可能先出发的祖先们在路上决定打道回府，还会和后出发的相遇，可能爆发惨烈的战争又或者长期地通婚。可能一群祖先在某个地方定居几百上千年之后，又被新来的其他祖先驱逐、屠杀或者同化。也可能两支沿着不同道路迁移的祖先会在某个地方不期而遇，然后携手继续前进……

这里涉及非常多的细节，此处不再展开。你需要知道的是，现代人类固然都起源于非洲，但从非洲祖先到如今全世界开枝散叶的现代人，中间发生的故事可能比你想象的更加曲折惊险。

2

说完人类的起源，接下来我们就可以讨论现代中国人的起源问题了。

按照现代人非洲起源的理论，世界各地的人都得到5万～10万年前的非洲去认祖归宗。中国人当然也不例外。尽管今天人们对中国土地上的居民具体是什么时间、沿哪条路线自非洲而来的，还有不少疑团未解，但大多数人的看法是，和地球上其他地方的居民一样，中国人同样是几万年前走出非洲的这一批人类祖先的后代。早在2001年，复旦大学的金力教授牵头测定了亚洲12000多名男性的Y染色体序列，证明它们无一例外都源自非洲的某个祖先类型[1]。

但既然说是"大多数人的看法"，那就说明学术界还没有形成一统江湖的理论。确实，至今还有不少科学家坚持，现代中国人的祖先不是 5 万～10 万年前走出非洲的那一批人，或者不仅仅是 5 万～10 万年前走出非洲的那一批人。

这话是什么意思呢？

刚刚咱们简单描绘了人类祖先走出非洲的时间表和路线图。但请注意，人类祖先走出非洲可不只是这么一次，在这之前可能有很多次。

早在 200 万年前，智人这种生物还没有出现的时候，统治非洲大陆的是一种人类的近亲——直立人（*Homo erectus*）。这是一种早期人类，已经能够直立行走并且制造简单的石器工具，但脑袋只有现代人的 3/4 大，眉骨突出，下巴前伸，有点像猿猴。直立人也至少有过一次大规模的走出非洲行动。早在智人出现之前很久，直立人就已经在欧亚大陆的很多地方生活了。比如大家耳熟能详的在北京周口店发现的北京猿人，就是直立人，它生活在距今大约 70 万年前。

在那之后，走出非洲应该还发生过很多次，包括下面我们会提到的人类最近的亲戚——尼安德特人和丹尼索瓦人，他们也早在智人出现之前就走出了非洲。在智人出现之后，后来的 20 万年时间里，我们的祖先们可能也有好几

---

1 Yuehai Ke, et al. "Y-chromosome evidence for no independent origin of modern human in China," *Chinese Science Bulletin*, 2021.

批先后走出非洲。

因此，有些科学家就认为，今天世界各地的现代人不是 5 万 ~ 10 万年前才走出非洲的，而是更早，甚至 200 万年前就已经开始走出非洲了。这些生活在欧亚大陆很多地方的直立人在当地经过漫长的进化，分别形成了今天的欧洲人、亚洲人。这就是曾经占据主流的现代人多地起源理论。

非洲起源理论和多地起源理论，两派都同意人类的祖先能追溯到非洲大陆，区别在于追溯的时间点不同——非洲起源理论认为全世界人民关系比较近，5 万 ~ 10 万年前是一家；而多地起源理论认为全世界人民关系比较远，可能 200 万年前才是一家。

虽然非洲起源理论解释力强，简单明了，拥护者众，但支持多地起源理论的这方也提出了不少实在的证据或者质疑。

比如从化石的形态上看，中国本土的直立人化石，比如北京猿人，有些地方和现代中国人很接近，看起来像是一脉相承的。其中，比较有代表性的是所谓"铲形门齿"。你不妨试着用舌头舔舔自己上排门牙的内侧，是不是感觉两边凸起，中间有个凹陷，像一把铲子？这就是所谓的"铲形门齿"，在中国人中比例非常高。而北京猿人的门齿也是这样。

既然如此，这个特征是不是就是北京猿人传给我们的？

对于这个问题，科学家从 DNA 角度给出了合理解释。铲形门齿这个特征是一个叫作 *EDAR370A* 的基因变异导致的。这个基因变异除了改变牙齿的样子，也让人更容易出汗，毛发变得更浓密。这个特点也许会帮助我们的祖先在中国华南地区和东南亚的炎热潮湿环境中更好地生存下来[2]。既然如此，一个可能的解释就是，北京猿人也好，晚期智人也好，都出现了铲形门齿也不能说明他们是亲戚，只能说明他们为了适应环境都产生了同一个基因变异而已。生物学上，这种现象有个专门的名词，叫作"趋同进化"。打个比方，蝴蝶会飞，蝙蝠也会飞，喜鹊也会飞，但它们之间的生物学关系是很遥远的，只是都在同一个环境中进化出了类似的生存技能。

当然，这个解释本身并不能推翻中国人本地起源的理论，它只是说，非洲起源和本地起源两个理论都能解释我们特殊的铲形门齿的特征，两者暂时难分胜负。我们接下来还会继续展开。

在非洲起源理论中，非洲之外的所有现代人都是5万～10万年前走出非洲的那一小群祖先的后代。但是在中国境内，科学家却找到了几个历史更悠久的智人遗迹。比如中国南方发现的福岩洞等遗迹，用经典的铀钍定年法测定遗迹最顶端岩石的年代，发现它们至少有7万年历史，甚至达十几万年[3]。如果当真如此，说明早在人类祖先走出非洲之前，中国已经生活着很多智人了。如果他们才是我们祖先的话，非洲起源说就无法成立了。

---

2 Yana G. Kamberov, et al. "Modeling Recent Human Evolution in Mice by Expression of a Selected EDAR Variant," *Cell*, 2013.

3 Wu Liu, et al. "The earliest unequivocally modern humans in southern China," *Nature*, 2015.

不过，这个问题在最近出现了一个比较意外的回应。2021 年 2 月 8 日，复旦大学李辉教授和合作者们在《美国科学院院刊》上发表了一篇新论文，重新研究了中国南方五处晚期智人遗迹的年代（黄龙洞、陆那洞、福岩洞、杨家坡洞、三游洞）。[4]

　　他们从这些晚期智人遗迹中找到了几颗智人的牙齿，提取到了微量的线粒体 DNA，并且测定了它们的序列。根据刚才讲过的分析思路，科学家们推测，这些人类的活动时间并没有原来想的那么古老，可能最早是 1.5 万年前。与此同时，科学家们还在遗迹中找到了一些动物骨头，大概是祖先打猎留下的。利用碳 14 测年法测定古人牙齿和这些动物骨头的年代，结果也主要集中在同一时代，最早也不过 3 万年左右。

　　换句话说，不管是通过线粒体 DNA 分析，还是碳 14 测年法分析，这些遗迹的年代都仍然晚于非洲起源理论所允许的时间窗口。至于为什么这些遗迹上覆盖的岩石的年代反而更古老，科学家们也做出了一些合理的推测，这里就不展开了。

　　说到这，是不是非洲起源说大获全胜，现代中国人的起源就彻底没有疑问了呢？

　　并不是。就拿上面这项研究来说，在论文发表后也引发了不小的争议。比如就有科学家认为，这几颗牙齿根本

---

4 Xue-feng Sun, et al. "Ancient DNA and multimethod dating confirm the late arrival of anatomically modern humans in southern China," *PNAS*, 2021.

不属于智人，反而更像鹿牙[5]），也有同行认为这项研究用的测年方法有些问题[6]。这些争议本身是挺常见的，也能体现出古人类学研究中的一些普遍难点，比如样本一般比较稀少难得，采集和鉴定存在难度；另外，各种测量方法本身也都存在一些误差和争议。

即便这项研究是正确的，可能也还不是问题的结束。你可能还记得刚才我们的讨论，人类祖先走出非洲的路线图很可能不是一根箭头，而是一个毛线团。在 5 万 ~ 10 万年前这一批祖先走出非洲之前，可能还有更早的智人祖先走出过非洲，来到中国定居繁衍，只是可能并没有把他们的基因序列持续传递到现代中国人这里罢了。

比如，中国科学院古脊椎所的付巧妹研究员在 2020 年 7 月的一项研究中，从广西和贵州的 1.1 万年前的智人样本中提取并测定了线粒体 DNA 序列。结果发现，这些线粒体 DNA 序列上的某些特征现在仅存在于东南亚人群中，中国本土反而没有[7]。也就是说，这一群 1 万年前生活在西南地区的人，并不是现代中国人的祖先，反而在现代东南亚人群中留下了痕迹。

按照这个解释，在中国土地上找到一些 5 万年之前的

5 María Martinón-Torres, et al. "On the misidentification and unreliable context of the new 'human teeth' from Fuyan Cave (China)," *PNAS*, 2021.

6 View ORCID ProfileT. F. G. Higham, et al. "The reliability of late radiocarbon dates from the Paleolithic of southern China," *PNAS*, 2021.

7 Fan Bai, et al. "Paleolithic genetic link between Southern China and Mainland Southeast Asia revealed by ancient mitochondrial genomes," *Journal of Human Genetics*, 2020.

智人遗迹并不是特别值得惊讶的事情。就算上述几个南方智人遗址的时代被纠正了，但还有一些更古老的智人遗迹，比如 2017 年在河南许昌发现的"许昌人"头骨[8]，可能还是很古老，已经有超过 10 万年历史。

从这个角度说，在中国大地上找到一些几万年、十几万年前的智人遗址，本身既不能用来支持非洲起源理论，也不能支持本地起源理论。更关键的证据是，这些智人身体里的 DNA 是不是对现代的中国人有影响。而这个问题，目前我们还没有答案。

非洲起源理论也好，本地起源理论也好，可能这种划分本身就已经过时了。根据最新的研究证据，现代人类更可能是融合的产物。

这个故事要从 2010 年说起。

德国帕博（Svante Paabo）实验室测定了一位 4 万年前生活的尼安德特人的基因组 DNA 序列，结果和现代人 DNA 序列比对发现，除了生活在非洲南部的人以外，欧洲人、亚洲人、美洲人身体里都有 1%～4% 的 DNA 序列是来自尼安德特人[9]。这就意味着人类走出非洲之后可不光是一路生儿育女、披荆斩棘，还和当时在欧洲大陆广泛生活的人类的亲戚——尼安德特人——发生了大范围的通婚杂交，并且在子孙后代的身体里留下了永恒的印迹。

---

8 ZHAN-YANG LI, et al. "Late Pleistocene archaic human crania from Xuchang, China, " *Science*, 2017.

9 full RICHARD E. GREEN , et al. "A Draft Sequence of the Neandertal Genome, " *Science*, 2010.

同一年，帕博实验室还测定了另外一种人类亲戚——丹尼索瓦人——的基因组 DNA。这种曾经广泛分布于亚洲大陆的人类近亲早已灭绝[10]，但它们也给东亚地区的现代人后裔，特别是太平洋上居住的巴布亚人和新几内亚人贡献了一部分 DNA[11]。

　　也就是说，在人类祖先走出非洲、全球迁移的路线上，至少发生过两次大规模的人种之间的基因交流，一次是和尼安德特人，一次是和丹尼索瓦人。而这两群人，应该也是在几十万年前走出非洲的直立人的后代。从这个角度说，现代人还真不能说是纯粹的非洲起源或者本地起源，它有多个源头。

　　打个比方，如果现代人类是一棵大树，它主要的根系当然是出自 5 万 ~ 10 万年前的非洲，但欧亚大陆上的尼安德特人和丹尼索瓦人也作为旁系的根，为这棵大树供给了养分。

　　既然如此，是不是也有一个可能性——今天中国人的来源其实比我们想象的复杂得多？

　　比如，除了非洲智人、尼安德特人、丹尼索瓦人之外，当时的亚欧大陆、中国的土地上有没有可能生活着其他人类近亲？如果有的话，他们有没有和远道而来的智人大规模通婚繁衍，为现代中国人贡献一部分遗传物质？

10　DONGJU ZHANG, et al. "*Denisovan DNA in Late Pleistocene sediments from Baishiya Karst Cave on the Tibetan Plateau*," Science, 2020.

11　David Reich, et al. "Genetic history of an archaic hominin group from Denisova Cave in Siberia," *Natrue*, 2010.

如果当真如此的话，从某种意义上说，现代中国人可能同时是5万～10万年前走出非洲的祖先的后代，也是尼安德特人和丹尼索瓦人的后代，还是更多的尚未被发现的、生活在亚欧大陆上的其他族群的后代。甚至像北京猿人这样的直立人，在东亚地区要是也进化出了能够和智人通婚的后代，那么传递一部分DNA下来也不是完全不能想象。

　　当然，这些问题在当下是很难完全搞清楚的。毕竟想要证明或者推翻这个猜测，需要找到更多生活在中国土地上的人类祖先的遗迹，然后测定他们的DNA序列，和现代人加以比较。这是一项对技术要求很高同时还高度依赖运气的工作。我们只能期待未来有新的研究成果，帮助我们进一步搞清楚中国人到底从哪里来。

3

　　抛开上面的疑团不谈，暂且接受现代人的非洲起源理论，接受中国人的祖先是一群5万～10万年前从非洲出发、跋涉而来的智人。这倒不太会影响接下来的讨论，毕竟我们还是承认虽然现代人的祖先可能不止一个，但主要的遗传物质还是从5万～10万年前走出非洲的智人祖先那里继承来的。

　　2017年，中国科学院古脊椎所的付巧妹研究员测定了生活在北京房山的田园洞人的基因组DNA，明确了早在4

万年前，中国土地上已经生活着现代东亚人的祖先了[12]。

那么，问题又来了，从 4 万年前到现在，祖先们在中国土地上又经历了什么？

这个问题当然没有那么容易回答。从传说中的三皇五帝、大禹治水到信史中的中国，中国人的早期历史还存在大量空白。而仅仅看二十四史我们就能想象，在中国这块土地上，民族的迁移、杂交、同化发生得多么频繁。在有信史之前，相信一定也发生过大量类似的事件，参与塑造了现代中国人的历史和现在。

有没有可能同样利用生物学的研究方法帮助我们揭开信史时代之前的中国历史呢？

最近这段时间，几项全新的研究给我们提供了几个特别精彩的范例。

日常生活里，大家经常开北方人和南方人的玩笑，比如粽子、豆腐脑、月饼到底是甜的还是咸的。好像一般规律是北方人吃甜粽子、甜月饼、咸豆腐脑，南方人则刚好反过来。这些饮食上的差别大概出现的时间很近，很可能是经济和文化的共同作用，上升不到人类学的研究范畴。但如果把历史拉长，中国的北方人、南方人之间真的有差异吗？

要回答这个问题，比较现代意义上的北方人和南方人就没什么用了，因为经历了几千年的民族迁移和融合，现

---

12 Melinda A.Yang, et al. "40,000-Year-Old Individual from Asia Provides Insight into Early Population Structure in Eurasia," *Current Biology*, 2017.

代北方人和南方人在基因意义上是高度相似的同一群人。科学家们需要挖掘古代北方人和南方人的遗骨，测定他们的基因组 DNA 序列，才能做出更准确的分析。

这里要强调一下，提取祖先遗骨里的 DNA 并完成基因组测序是一个技术上非常有挑战性的任务。要知道这些几千上万年的遗骨暴露在恶劣环境中，里面的 DNA 大部分早就分崩离析，降解成碎片了，同时遗骨上生长的微生物还会造成大量 DNA 污染。科学家们需要非常小心地采集样本，在非常干净的实验室里钻开遗骨，从内部取出尚未被污染和降解的组织样本，然后富集当中的人类 DNA，才有可能测出相对完整的基因组序列。

2020 年 5 月 14 日，付巧妹研究员在《科学》杂志发表了一篇论文[13]。他们辛辛苦苦寻找到了 1 万年以来分布在山东、内蒙古、福建等地的接近 300 份智人遗骨，从中成功提取和测定了 26 个基因组序列。

对比这些基因组序列，科学家们发现，早在八九千年前，古代北方人和古代南方人的基因组 DNA 已经出现了明显的差异，前者更接近生活在北方西伯利亚的居民，后者更接近生活在东南亚和太平洋岛屿的南岛人。

考虑到中国人的祖先在差不多的时间分别在黄河流域驯化了小米、在长江流域驯化了水稻，进入了生产力和人口爆炸的农业时代。我们当然忍不住联想——也许在 4 万

---

13 MELINDA A. YANG, et al. "Ancient DNA indicates human population shifts and admixture in northern and southern China," *Science*, 2020.

年前，人类祖先从非洲而来、由南向北占领中国的土地之后，就分别在两条大河附近定居、发展农业，形成了稳定的人口规模和势力范围，也因此形成了各具特色的基因特征。

但也是从那个时候开始，南北方就一直存在持续的基因交流。科学家们在古北方人的基因组里找到了属于南方人的特征，也在古南方人的基因组里看到了属于北方人的特征。这种持续的基因交流到现在，让今天的北方人、南方人之间的基因差异变得非常微小了。

这样两群人在此后的几千年时间里又发生了什么变化呢？

我们先看北方人。付巧妹团队发现，在过去几千年的时间里，古北方人的基因组序列逐渐南下，大范围地取代了原本的古南方人基因组。这说明古北方人可能大举南下，来到了南方人的地盘，双方长期的混居、通婚，最终融为一体。

最近，这项研究也得到了进一步的支持。2021 年 2 月 22 日，厦门大学王传超教授和哈佛大学的大卫·里奇（David Reich）教授合作，在《自然》杂志发表了一篇论文。他们利用类似的手段系统分析了 166 个东亚地区的人类祖先的基因组 DNA，分布时间是距今 1000 ~ 8000 年前 [14]。他们得到的一个重要结论就是"汉藏同源"，把古北方人的迁移路

---

14 Chuan-Chao Wang, et al. "Genomic insights into the formation of human populations in East Asia," *Nature*, 2021.

线梳理得更加具体了。

5000多年前，生活在黄河上游、甘肃、青海一带的祖先们塑造了今天的汉族和藏族人。发展出农业技术的他们，生产力、生育力猛增，一路向西南扩张，进入青藏高原，变成了今天的藏族；同时也向东向南扩张，变成了今天的汉族。

而原来的古南方人呢？他们也并没有束手待毙。

在付巧妹团队的研究中发现，福建沿海小岛上发现的古南方人的基因组 DNA 序列特征（所谓亮岛人），大量分布在台湾原住民和东南亚各国的居民当中。因此，一个可能是，在古北方人大举南下进入长江流域、华南地区的时候，古南方人也同样在大举南下。他们向东南方向发展，以台湾地区为跳板，进入东南亚岛屿，挺进太平洋。

而这个发现也得到了王传超论文的支持。同时，王传超他们的研究还发现了另一个非常重要的迁移方向。这些古南方人还有一部分向西南方向发展，穿过云贵高原，形成了今天傣族、壮族等少数民族的祖先，还进一步进入中南半岛。

说到这里，我们就可以做个总结了 [15]——

从智人的祖先走出非洲至今，现代中国人的历史至少有 4 万年，甚至更长。在这段时间里，有几个时间片段是我们现在有所了解的：

15　Ming Zhang, et al. "Human evolutionary history in Eastern Eurasia using insights from ancient DNA," *Current Opinion in Genetics & Development*, 2020.

第一个阶段开始于 5 万～10 万年前。一批智人祖先走出非洲大陆，可能沿着中东—印度—东南亚的路线进入中国，然后自南向北扩张，最晚在 4 万年前就已经占领了东亚最富饶的核心地带。

祖先们在迁移的路上可能发生过很多次大规模的融合，让我们的血脉里也带有尼安德特人、丹尼索瓦人的印迹，甚至还有更多今天已经湮没的祖先也把一部分遗传物质留传给了我们，只是我们还没有发现他们的踪迹。

第二个阶段开始于差不多 1 万年前。那个时候，祖先们已经分别在黄河和长江流域定居下来，驯化农作物，开始了生产力和人口的同步扩张。

北方人从黄河上游出发，向西登上青藏高原，成为今天藏族人的祖先；向东、向南扩散到整个中原地带，成为今天汉族人的祖先。而南方人也并没有就此消亡，他们当中的一部分人留在当地和古北方人充分融合，形成了今天的南方汉族人。而另一部分战略性地放弃了中国南方，大举向东南和西南方向迁移，成为今天云贵地区、东南亚和太平洋岛民的祖先。传说中的三皇五帝、阪泉之战、涿鹿之战、大禹治水，如果真有其事，大概就发生在这个时代。

第三个阶段开始于差不多三四千年前。伴随着金文和甲骨文的发明，中国正式进入信史时代。到了西周共和元年，中国历史更是开始了有确切纪年的时代。中华民族的集体回忆，从那时候起绵延至今，从未断绝。

从以上描述中你能看到，对现代中国人的形成历史还是有很多疑问的。比如，从 4 万年前智人定居在东亚，到

1万年前形成古北方人和古南方人的格局，期间发生过什么？是什么原因让中国人的祖先先从南向北进入中原，又从北向南进入青藏高原、长江流域、西南地区，甚至走到更南？当时生活在中国周边地区的人类祖先，比如生活在西伯利亚地区的人类祖先，生活在中亚地区的人类祖先，是否和中原地区的祖先们发生过接触和基因交换？还有，这些史前时代的迁移和融合以及之后出现的各个新石器时代的文化，如仰韶文化、龙山文化、良渚文化之间又是什么关系……这些关系我们来源的问题还在等待更多的研究。

在大多数时候，当我们想到中华民族的历史、文化、传统时，我们想到最多的无非是这第三个阶段里发生的故事。是二十四史里的"道德三皇五帝，功名夏后商周"，是唐诗里的"尔曹身与名俱灭，不废江河万古流"。但是今年的《巡山报告》我想告诉你，中国人的历史要远比这个更长、更曲折，也一定藏着很多动人的故事。那段几万年的历史虽然没有用文字记载流传，但是现代科学的进步一定能够帮助我们读懂它。

　　　　　　　　现代中国人从哪里来

第二章　AlphaFold2 横空出世，人工智能进军生命科学

2020 年 11 月 30 日，谷歌旗下的人工智能公司深思（DeepMind）开发的程序阿尔法折叠 2（AlphaFold2），在 2020 年度的第十四届蛋白质结构预测大赛（CASP 14）中，取得了惊人的好成绩。不仅力压世界范围内参赛的 100 多个团队，获得冠军，还有史以来第一次把蛋白质结构预测这个功能做到了基本接近实用的水平[1]。到了 2021 年 7 月，DeepMind 进一步公开了 AlphaFold2 的代码，并详细描述了其设计原理[2]。还一口气用这个算法预测了 35 万个蛋白质的结构并向全世界科学家开放[3]。

说起 DeepMind，你应该不陌生。你大概还记得曾经横扫棋坛，并且战胜人类排名第一的棋手柯洁的围棋程序——阿尔法围棋（AlphaGo）。长久以来，围棋被看作是人类发明的最复杂、最具开放性的智力游戏，所以很多人

---

1 https://deepmind.com/blog/article/alphafold-a-solution-to-a-50-year-old-grand-challenge-in-biology

2 Kathryn Tunyasuvunakool, et al. "Highly accurate protein structure prediction for the human proteome," *Nature*, 2021.

3 Kathryn Tunyasuvunakool, et al. "Highly accurate protein structure prediction for the human proteome," *Nature*, 2021.

预测，计算机在几百年时间内都不可能在围棋上战胜人脑。但在 2017 年，横空出世的 AlphaGo 让很多人真正意识到了人工智能和深度学习的强大力量。AlphaGo 也是这家叫 DeepMind 的公司开发的。

这一次，人工智能开始向生命科学进军。而且一出手，瞄准的就是生命科学领域最核心的难题之一。

1

首先，我们看看 AlphaFold2 解决的到底是什么问题。

刚才说了，它的目标是蛋白质结构预测。这可能是整个生命科学领域最重要的三个问题之一。其他两个，我认为分别是生命的起源问题和人类大脑的工作原理问题。

但和生命起源、大脑原理不一样，"蛋白质结构预测"听起来有点专业，外人不那么容易理解它的意义。如果说得大一点儿，这个问题关系到遗传信息的本质是什么、遗传信息如何流动，以及遗传信息如何影响地球生命的各种特性。

你应该听说过生物学里的"中心法则"。在充满例外的生命科学领域，中心法则几乎是唯一一个被冠以"法则"之名的规律，重要性可想而知。

中心法则说的是，在地球生物世代繁衍的过程中，上一代生物会把自身携带的遗传物质，也就是 DNA 分子，照原样复制一份，传递到后代体内，一代代传递下去，永无止境。而在每一代生物从生到死的过程中，这套DNA分子能以自身为设计蓝图，指导生产大量的微型分子机器，也就是各种蛋白质分子，执行各种各样的生物学功能，共同支持每一代生物的生存和活动。

本质上说，中心法则指明了遗传信息的两个流动方向：

一个方向是在世代之间，通过DNA到DNA的自我复制，持续地一代代传递，保证上一代和下一代之间携带的遗传物质非常接近，因此也呈现出高度的相似性。在这个过程中，随机出现的基因突变会让每一代生物出现微小的差异，自然选择和生物进化也得以实现。

另一个方向是在同一个生物体内的每一个细胞中，DNA通过核糖核酸（RNA）分子指导蛋白质生产，让各种具体的生物活动得以开展。

从20世纪五六十年代至今的半个多世纪里，中心法则的很多技术细节都得到了深入研究，至少有二三十个诺贝尔奖和中心法则相关。比如，DNA分子如何实现自我复制和自我修复，DNA如何指导RNA的生产，RNA如何被剪切和拼接，RNA如何指导蛋白质的组装，蛋白质分子如何被降解……有意思的是，搞清楚中心法则的技术细节能得奖，找到中心法则的反例也能得奖。这样的例子也不少。

但是，在中心法则的完整图景里，有一个最大的空白、一个最关键的遗留问题，就是蛋白质分子机器到底是怎么组装完成、开展工作的。

我们现在知道，DNA分子指导蛋白质分子生产的原则很简单，DNA链条上三个相邻的碱基分子对应蛋白质分子中一个特定的氨基酸分子。比如，ATG 三个碱基对应的就是甲硫氨酸，GAG 对应的就是谷氨酸……忽略掉所有技术细节，你可以这么想象：在细胞内部，一条 300 个碱基长度的 DNA 链条能指导生产一个蛋白质分子，也就是由 100 个氨基酸首尾相连组成的链条。

DNA 分子作为遗传信息的载体，它的物理结构可以认为是无关紧要的，是拉成一条直线、团成一个毛线球，还是干脆抄写下来存在笔记本里，只要这 300 个碱基的名称和先后顺序不乱，它记载的信息就始终是完整的、不变的。但是，蛋白质分子则不然。这个由 100 个氨基酸组成的链条，一定要在细胞中折叠、扭曲、缠绕成某个特殊的三维结构，才能开始工作。

我类比一下你就明白了。假如你要生产小轿车，设计图纸是打印出来还是存在电脑里，是摊平放还是卷成卷，是用红色墨水写还是用蓝色墨水写，其实都无关紧要。但是在生产过程中，每一个零件，从发动机到雨刷器，都必须被严格地放置在特定的位置，按照特定的方式组装起来，小轿车才能正常工作。

真正的问题就变成了：蛋白质分子怎么知道如何形成某个特定的三维结构呢？说回那个由 100 个氨基酸组成的链条，在形成三维结构的过程中，它怎么知道每个氨基酸应该出现在什么位置，需要和哪几个氨基酸靠近呢？

早在 20 世纪，人们就做出了正确的猜测。简单来说，这些空间位置信息就蕴含在蛋白质分子自身当中。说得更具体一点，组成蛋白质的氨基酸分子一共有 20 种，它们有的带正电荷，有的带负电荷，有的大一点，有的小一点，有的喜欢结合水分子，有的讨厌水分子。因此，蛋白质一旦被生产出来，组成它的氨基酸就会根据上面这些不同属性，开始移动和相互组合。

这个过程有点像磁铁组装玩具，拿一堆零件放一起晃一晃，它们就能自己吸附在一起形成一大坨。当然，蛋白质分子里那些氨基酸分子的顺序和特性，保证它在大多数时候能扭曲折叠得一模一样，批量生产出好用的蛋白质分子机器。

这个猜测在 20 世纪 50 年代被美国科学家克里斯蒂安·安芬森（Christian Anfinsen）用实验手段证明了。安芬森发现，即使用化学方法人为破坏蛋白质分子的三维结构，但只要洗掉这些干扰，蛋白质分子就能自己重新扭曲折叠成完全一样的三维结构。

因此，DNA 分子的碱基顺序决定了蛋白质分子的氨基酸顺序，也决定了蛋白质分子的三维结构和生物学功能，这一点就成了共识。

但是，这并没有解决全部的问题。理论上我们确实已经知道，蛋白质分子能自己决定扭曲折叠成什么样子，但是我们实际上并不知道蛋白质分子是如何做到这一点的。要知道，一个由 100 个氨基酸组成的蛋白质分子，这 100 个氨基酸在三维空间里的排列组合方式几乎是无穷无尽的。如果一种一种尝试的话，可能试到宇宙末日也找不到正确的那一种。真实世界里的蛋白质怎么做到几乎是瞬间就能扭曲折叠到最合适的位置的呢？

说到这里，我想你应该能明白为什么我说蛋白质折叠是生物学最大的三个未知问题之一了。

首先，它关系到代代相传的遗传信息到底是怎么指导生命活动的。其次，它有很强的应用价值。绝大多数药物都是通过结合特定的蛋白质来发挥作用的，如果能搞清楚蛋白质分子怎么折叠、三维结构长什么样，我们就能更方便地设计出专门结合它的药物来治疗疾病。最后，当然是因为这个问题非常的难。

如此重要的问题当然吸引了大量科学家的注意，在过去几十年时间里，也取得了一些不错的进展。这里简单回顾一下。

一个最容易想到也最早取得突破的思路，就是干脆通过实验的手段"看到"蛋白质的三维结构。也就是说，不管这个结构是怎么来的，先搞清楚它长什么样子再说。

1959 年，英国科学家马克思·佩鲁茨（Max Perutz）利用 X 射线衍射的方法解析了血红蛋白分子的三维结构。你可以通俗地理解成用 X 射线照射蛋白质分子，然后根据射线被散射的角度推测每个电了的位置。这是人类历史上第一个被彻底看清细节的蛋白质分子机器。

从那以后直到今天，有超过 17 万个蛋白质分子的结构被解析出来。除了 X 射线衍射之外，磁共振以及最近火热的冷冻电子显微镜技术也发挥了重要作用。半个多世纪以来，研究蛋白质结构的相关团队也已经拿了 20 多个诺贝尔奖。

这个"眼见为实"的思路，好处是一锤定音，看到什么就是什么，但这个思路的问题也显而易见——技术上太麻烦。历史上，动辄有科学家耗费几年、几十年时间才能得到一个清晰的蛋白质三维结构，这就导致蛋白质三维结构成了生物学领域非常要命的瓶颈。

比如，因为基因测序技术的高速进步，人类掌握的基因序列已经有 1.8 亿条，换句话说，我们已经知道氨基酸顺序的蛋白质分子有 1.8 亿个，但其中三维结构信息被彻底看清的只有 17 万个，还不到 0.1%。

这也催生了另一个反其道而行的思路——既然我们知道氨基酸的顺序决定了蛋白质的三维结构，有没有可能不做实验，直接从氨基酸的顺序出发，推测蛋白质分子的三维结构呢？

沿着这个思路，人们也取得了不少进展。技术上最容易实现的方法是从已知结构出发推测未知结构。

比如所谓的"同源建模"的方法。这个方法的逻辑非常简单，既然氨基酸顺序决定了蛋白质三维结构，可想而知，如果两个蛋白质的氨基酸顺序非常接近，那它们的三维结构也应该接近。

猪的胰岛素分子和人的胰岛素分子都由 51 个氨基酸组成，其中只差了 1 个氨基酸，那两个分子的三维结构肯定可以互相参照。如果前者的三维结构已经被解析出来了，推测后者的三维结构就比较容易了。

但如果两个蛋白质的氨基酸序列不那么接近，同源建模就不太管用了，但人们也发展出了所谓"蛋白质穿线"或者叫"折叠识别"的方法。

　　　　　　　　　　现代中国人从哪里来

和同源建模类似，穿线的逻辑也是把未知蛋白质的结构往已知的结构模式上套。它的默认逻辑是，不管蛋白质分子多么千变万化，基本的折叠类型是有限的，大概也就是1500种。所以只要试的足够多，总能套上一种比较靠谱的。

除此之外，还有人开发出了一类抛开已知结构，直接通过计算推测蛋白质结构的思路。代表人物包括华盛顿大学的大卫·贝克（David Baker）教授，他开发了一套名为罗塞塔石碑（Rosetta）的计算机程序来预测蛋白质结构。

这个方法摆脱了对已知结构的依赖，直接从"蛋白质氨基酸顺序决定其三维结构"这个结论出发。它的工作逻辑是这样的：

在蛋白质折叠的过程中，氨基酸分子会自发地寻找让自己待着最稳定、最舒服，也就是能量状态最低的位置。比如，带正电的氨基酸就倾向于找带负电的；讨厌水分子的就倾向于被包裹到蛋白质内部，离水远一点；两个大号氨基酸相邻的缝隙里可能能塞进一个小号氨基酸等。因此从逻辑上说，如果能穷尽两两氨基酸分子之间所有可能的位置及其对应的能量状态，就能计算出一个整体能量最低、最稳定的空间组合，蛋白质的三维结构就有了。

这个逻辑从理论上说没毛病，但真要落实是很困难的。

因为计算能力的局限，我们不可能在有限时间内把所有氨基酸分子两两组合的所有位置都穷举一遍。同时，因为物理学基础理论的限制，我们实际上也不知道如何精确地计算每一个位置对应的能量状态。如果你看过刘慈欣的

《三体》就知道，三个物体遵循牛顿定律在空间中的运动，实际上已经无法预测了，要预测几百上千个氨基酸分子在各种约束条件下的相互作用，物理学基础理论都不允许。

因此，这套 Rosetta 的办法实际上也做了很多妥协，不追求穷尽所有氨基酸之间的两两组合，而是把蛋白质分子分割成一个个小片段，只考虑片段之间的相互作用。这样一来，如果用来处理氨基酸数量很小、排列比较规则的蛋白质，效果往往还不错。但稍微复杂一点的蛋白质，预测能力就不怎么值得相信了，大概只能说是聊胜于无。

简单小结一下：

解决蛋白质折叠问题，搞清楚蛋白质分子的三维结构，是生物学里悬而未决的几大终极难题之一。但是截至目前，这个难题最主要的解法还是费时费力地用 X 射线衍射、冷冻电镜等方法直接观察。想要直接计算和预测出蛋白质结构，这些传统思路的效果并不好。

2

有了这些铺垫，我们终于要说到这次的主角了——AlphaFold。

如果你熟悉 AlphaGo 的故事，你就能明白人工智能，特别是深度学习方法解决问题的基本逻辑是什么。简单来说，这是个指望大力出奇迹的思路。

传统上，人类学围棋讲究的是学习棋谱，是反复练习，是各种只能意会不能言传的"悟性"。而 AlphaGo 根本不管那么多，它要做的是尽可能穷举所有可能的下法，再看这些下法分别可能产生什么后果，接下来自己还有哪些可能的下法，又会带来什么后果……通过这样的反复训练，AlphaGo 能积累足够的"经验"，知道在某个场合里哪个下法最终获胜的概率更大。

通过这样的"暴力"训练，后期的 AlphaGo Zero 甚至可以做到，只需要知道围棋的基本规则，比如怎么吃子、怎么判断胜负，就可以在完全无视人类所有围棋经验的条件下学成绝技，笑傲棋坛。

2018 年，DeepMind 的第一代蛋白质折叠算法 AlphaFold1 参加了第 13 届 CASP 比赛，就已经拿了第一名的成绩，在业界震动不小[4]。

但是，它在大众当中引起的水花并不很大。我猜，原因主要有两个。首先，AlphaFold1 虽然拿了第一，但是相对于第二名的优势并不明显，也没有表现出比传统思路有什么革命性的差异。更重要的是，AlphaFold1 并不能算是人工智能完全体，它还是借鉴了不少学术研究的成果，特别是大卫·贝克教授的 Rosetta 程序和芝加哥大学许锦波教授的猛禽（RaptorX-Contact）程序。

顺便多说一句，在第 13 届 CASP 比赛结束之后，南开大学的杨建益教授和大卫·贝克教授合作，开发了新一代

---

4 Guo-Wei Wei, et al. "Protein structure prediction beyond AlphaFold," *Nature Machine Intelligence*, 2019.

的 trRosetta 程序并且公布了全部核心代码。这个程序的性能已经超越了 AlphaFold1，还被 2020 年参加第 14 届 CASP 比赛的很多队伍所借鉴 [5]。

但是，刚刚到来的 AlphaFold2 就完全不同了。它并不是 1 代的升级版，可以说是一个全新的蛋白质折叠算法。

AlphaFold2 的工作原理非常接近刚刚讨论过的大力出奇迹的 AlphaGo。我粗糙地解释一下这套算法的训练过程：

从 17 万个已经知道三维结构的蛋白质分子中，科学家随便挑一个，把它的氨基酸序列信息"喂"给算法，算法大致"猜测"一个三维结构。然后，算法把它的猜测和已知的三维结构进行对比，并且根据猜测的结果是不是靠谱，继续调整猜测的策略。反复用 17 万个三维结构训练，算法逐渐就获得了直接从氨基酸序列预测蛋白质三维结构的能力。

当然，我这个说法肯定过度简化了。要是没有任何抓手，算法压根不知道从何猜起，那也是不行的。比如，我们从 DeepMind 的介绍里也能看到，算法需要一种所谓"多序列比对"的信息。这个思路并不是 DeepMind 首创的，它是 1993 年由德国科学家克里斯·桑德（Chris Sander）提出的技术路线。

就是对任何一个蛋白质分子来说，数据库里应该都有大量和它序列非常类似的蛋白质分子。比如胰岛素蛋白，

5　View ORCID ProfileJianyi Yang, et al. " Improved protein structure prediction using predicted interresidue orientations," *PNSA*, 2020.

人的、猪的、牛的、鸡的，彼此之间都只有一些细微的差别。当我们把这些接近但不同的序列放在一起看，就能发现某些位置的氨基酸特别保守，几乎不变；有些位置的氨基酸总变来变去；还有些位置的氨基酸要么都不变，要么一起变。

而这些信息，其实也能反映出在蛋白质三维结构里氨基酸之间的关系。比如，有两个氨基酸要么总是都不变，要么总是同步变，我们大概可以猜测，这两个氨基酸在蛋白质三维结构中非常接近，必须彼此配合。AlphaFold2 也需要这些信息帮助它完成初始的猜测和训练过程。

最后的结果怎么样呢？

我们可以从两个维度看看 AlphaFold2 的表现。

首先横向比较一下。

CASP 大赛的规则大概是这样的，组织者给参赛选手提供一批蛋白质分子的氨基酸序列，这些蛋白质分子的三维结构要么正在被实验解析过程中，要么已经被实验解析出来了但是没有公开。在参赛者完成蛋白质结构预测之后，把他们的结果和真实结构进行对比、评分，然后排名。

在 2020 年的第 14 届 CASP 大赛中，AlphaFold2 高居第一，而且得分远远超过排名第二的大卫·贝克实验室。第一名和第二名之间的差距，甚至比第二名到最后一名的差距还大。

接着再纵向比较一下。

从 1994 年 CASP 大赛开始，人类预测蛋白质结构的能力一直在缓慢但持续地提高。对于很小、结构简单的蛋白质，利用刚才讲的传统方法，准确率已经非常高了。但是对于尺寸比较大、结构复杂，也没有太多已知结构可以参照的蛋白质，一直到 2018 年 AlphaFold1 参赛的时候，表现还乏善可陈。

但是，AlphaFold2 改变了一切！对于所有参赛的蛋白质来说，它预测的结构得到了 92.4 分的中位数得分，即便对于最难的那一部分蛋白质，它也得到了 87 分。

这个分数怎么理解呢？首先，90 分的得分被认为是个门槛，得分到了 90 分，就说明预测结果已经和真实结构基本一致。

也就是说，AlphaFold2 实现了人类在蛋白质结构预测领域史无前例的巨大进步。有史以来第一次，人类可以说，我们不用做实验，也能从氨基酸序列直接推测出蛋白质的三维结构。中心法则的最后缺失的一环，眼看着就要被填补了。

当然，和所有科技进步一样，AlphaFold2 也不是十全十美的。

比如，它的表现并不是非常稳定。我们刚说了，得分超过 90 分就意味着基本正确，AlphaFold2 的得分中位数已经是 92.4 分，但是在其中几个蛋白质的结构预测里，它的得分并不高。关于具体原因，人们也有一些猜测，但是还需要更多研究看看它是不是可以避免的技术问题。

这样一来，它的实用性在当前就会受到影响。毕竟要是放一个全新的蛋白质进去预测，你也不知道这一次 AlphaFold2 到底是做对了还是抽风了。

还有，AlphaFold2 对于那种超级巨型的蛋白质复合体（也就是多个蛋白质彼此结合形成的结构），对于蛋白质和 DNA/RNA/ 小分子结合形成的复合物，以及对于蛋白质结构在细胞环境中的动态变化，预测能力还有待检验。DeepMind 也仍然在这方面努力探索，在 2021 年 10 月，它们还发布了专门用来预测蛋白质复合体结构的 AlphaFold-Multimer [6]。

但我相信，只要方向对头，这些技术方面的优化肯定很快就能得到解决。打个比方，人类想飞的历史足有上千年，但从 1903 年莱特兄弟的飞机跌跌撞撞飞了 36.5 米之后，人类只用了十几年就造出了能够飞跃大西洋的飞机。一个旁证就是，在 2021 年 8 月，就在 AlphaFold2 算法开源的同日，深耕蛋白质结构预测问题多年的大卫·贝克实验室也发布了自己开发的预测算法 RoseTTAFold。这种算法和 AlphaFold2 有所不同，但预测精度可以比肩 [7]。这种你追我赶、同步突破的画面本身，就说明用人工智能方法预测蛋白质结构已经到了大突破的前夜。

从 0 到 1 的原始突破完成之后，在从 1 到 100，到 10000 的道路上，人类往往能迸发出惊人的战斗力。

---

6 AlphaFold-Multimer Richard Evans, et al. Richard Evans "Protein complex prediction with AlphaFold-Multimer," *bioRxiv*, 2021.

7 Minkyung Baek, et al. "Accurate prediction of protein structures and interactions using a three-track neural network," *Science*, 2021.

3

最后，我们花点时间展望一下这项突破意味着什么。

有些前景很容易想到。

我想，可能在几年之后，算法预测就将具备替代实验研究、直接从蛋白质氨基酸序列大批量生产蛋白质三维结构的能力。

刚才说过，在人类已知的 1.8 亿条基因序列中，只有不到 0.1% 的获得了三维结构信息。可想而知，随着算法的成熟，人类关于蛋白质分子的理解将会有一次革命性的升级。当然，相比眼见为实的实验验证，算法预测总会存在或多或少的错误和局限。但有了这些相当趁手的工具，生物学家们解析蛋白质结构的工作，就从纯粹的在黑暗中摸索，变成了在算法的辅助下进行八九不离十的猜测，再用实验数据加以确认和修正，这两者的难度不是一个数量级的。

这些海量的结构信息，能让我们把对生命现象的理解也往前大大推进一步。

也许有一天，我们只需要测定一个物种的基因组 DNA 序列信息，就能相应地预测这个物种生产的全部蛋白质分子机器的三维结构，然后再猜测出这些分子机器到底是执行什么生物学功能的。到那个时候，我们不光能根据 DNA 信息凭空想象出一种生物的样貌和生物学特征，甚至还能反过来，根据我们想要的生物学特性设计出需要的蛋白质分子，再到一个物种的遗传物质，真正做到从无到有的人造生命。

当然，在这种比较科幻的场景到来之前，蛋白质结构预测也有很多实际的应用价值。

比如，我们完全可以设想这样的场景：一名癌症患者找到医生，医生测定了他体内肿瘤细胞的基因序列，发现他体内某一个特殊蛋白质发生了变异，因此导致了癌症。同时，医生还能对这种特殊蛋白质进行结构预测，针对性地设计一种药物与之结合，破坏其功能，从而治疗癌症。所有这一切，甚至只需要几天时间。到那个时候，疾病的诊断和治疗将变得高度个性化，"疾病—基因—蛋白质—蛋白质结构—药物设计"会形成一个完整的闭环。

生物学范畴的价值可能已经让你心潮澎湃了？干脆，我们再彻底放飞一下。

从同源建模到 Rosetta 再到 AlphaFold2 和 RoseTTAFFold，在蛋白质结构预测这个领域，我们能看到一个有意思的历史趋势——问题的解决方案越来越不依赖于人类的先验知识，也越来越无法被人类理解了。

同源建模的场景里，对一个蛋白质进行结构预测需要非常具体的先验知识——得有一个氨基酸序列高度接近而且结构已经被人类解析的样本作为参考比对才行。从已知到未知的脚步，迈得非常小。

Rosetta 软件已经能够摆脱对已知蛋白质结构的依赖，处理全新的蛋白质结构信息了，但是它同样依赖于人类对于蛋白质的物理化学知识的积累，比如，我们得先知道哪些氨基酸彼此靠近会更稳定，哪些氨基酸天然排斥等。

反过来，这些传统方法的结果，我们看了也能大概知道它是根据什么逻辑得出的。

　　到了 AlphaFold2 和 RoseTTAFFold 这里，在完成初始的训练之后，它已经可以做到不依赖任何先验知识做结构预测了。实际上，在这些人工智能算法的运算过程里，它根本不需要知道自己处理的是蛋白质分子的三维结构。在它看来，如果它能看的话，自己处理的无非是大量节点在三维空间中的彼此的距离，以及哪个排列组合方式得分比较高，至于处理的是氨基酸分子的排布，还是广场上一群人的运动，根本没有任何差别。

　　这也就导致了一个问题：我们知道算法表现很好，但我们无从理解算法到底是根据什么规则、什么原理得到了这样的表现。就算这些算法具备了自我意识，能够和我们对话，它充其量也就是告诉我们，在人工智能算法里使用到的成百上千个参数分别是多大而已。至于为什么会有这些参数，为什么这些参数的数值是这样的，它不理解，我们也不理解。

　　在我看来，这意味着在人工智能时代，人类获取知识的逻辑将要发生一次地动山摇的变革。

　　传统上说，人类认识世界、获取知识的办法，无外乎是对小样本数据的归纳和演绎。我花了几天工夫观察绵羊，发现它们都是白色的，因此提出"绵羊都是白色的"这个命题，这是归纳法。我认为绵羊都是白色的，而我面前有一只黑色的动物，因此我判断它不是绵羊。这是演绎法。归纳和演绎得到的结果并不总是正确的，我刚刚这个例子就是错的，但它是人类认知世界的起点。

反复利用归纳和演绎的方法，人类对世界的认知过程大概是这个样子的：首先，对有限的小样本进行观察和分析，试图提炼出一般性的法则；然后，对这个法则进行更多的检验，进一步证明或者推翻它。

比如，通过观察部分星体的运行轨迹，人们总结出了开普勒三大定律和牛顿定律，并在这些定律的指导下预测和发现了海王星，而在这些定律出现问题的场合，人们找到了全新的规律——广义相对论。要是脑子里没有这些定律，我们在夜晚抬头望向星空的时候，看到的只是随机运动的一团乱麻。

但是在人工智能这里，这套认知方法论可能是无效的，甚至是不必要的。大力出奇迹的做法让算法知其然的同时完全不需要知其所以然。

今天，算法可以在不懂围棋精神也不看人类棋谱的条件下，战胜围棋世界冠军；可以在完全不知道什么是人脸、什么是眼睛鼻子嘴的条件下，做到精确的面孔识别；可以在不知道什么叫语法、什么是主谓宾、什么是名词形容词的条件下，做到人类语言处理；可以在不借助任何蛋白质物理化学理论的条件下，预测蛋白质结构……

所有这一切，只需要大量数据的训练。必须承认，这是一种全新的、人类并不习惯也无法真正理解，但是又非常管用的认知方法论。

这对于人类来说意味着什么呢？

想要推测是很困难的，毕竟人的推测依靠的也仅仅是归纳和演绎。但我想，有一点是肯定的，我们可能不得不习惯和大量的这种异类新知识相处，我们知道它是对的、是有用的，但不知道它是怎么来的。

对于曾经的人类来说，所有的知识都来自归纳和演绎这种能够理解的认知方式，用归纳和演绎也应该能得到所有我们需要的知识。这是一种无与伦比的智力骄傲。数学家希尔伯特说"我们必将知道，我们必须知道"，背后的精神支持正是如此。

但是慢慢地，我们会不会干脆放弃自己寻求新的知识，放弃归纳和演绎的方法，完全依赖于算法为我们提供的新知识？

打个比方，我们小时候大概都通过摆弄小石子知道了为什么一加一等于二、二加三等于五。如果一个人从出生起就只能通过计算器了解数字，他当然也会掌握一加一等于二、二加三等于五，但是他会不会从头开始就完全不理解也不想理解这些算式背后的意义是什么呢？我们会不会也会像算法一样习惯于知其然而不知其所以然呢？

在人工智能（AI）快速进步的时代，太多人担忧 AI 取代人类工作，甚至是战胜和消灭人类。相比这些猜测，我倒是更担心 AI 对人类认知的冲击。生活在一个答案显而易见、唾手可得，但推导过程完全隐藏在黑暗之中的时代，对我们到底意味着什么呢？

最近，互联网行业最热门的话题就是巨头纷纷砸下重金，加入社区团购的赛场。利用数据，利用算法，利用手里的钞票，巨头们苦苦研究的话题是怎么把瓜果生鲜便宜、快速、精准地送到每一个消费者手中。在购物、打车、外卖这些热点之后，买菜成了互联网时代最时髦的话题。

这当然是个好生意。但我总是忍不住想，我们能不能干点别的？掌握着海量的数据的人工智能算法，互联网巨头们能搞出类似 AlphaGo 和 AlphaFold 这样可能改变人类世界面貌的东西吗？

有两句话我特别喜欢——

一句话来自贝宝（PayPal）的创始人彼得·蒂尔（Peter Thiel），他说，We wanted flying cars, instead we got 140 characters（我们需要能飞的汽车，但结果却得到了 140 个字符）。还有一句话来自登月英雄巴兹·奥尔德林（Buzz Aldrain），他说，You promised me Mars colonies. Instead, I got Facebook（你答应带我们殖民火星，可我们最后只得到了脸书）。两句话其实都在表达对掌握海量资源和先进科技的互联网巨头的失望之情。

我想，也许我也能吐槽一句：咱们能不能别光惦记着几捆青菜、几斤水果，说好的星辰大海呢？

巡山大事记

科学前沿

1   鸟类智慧的秘密

鸟类的大脑结构里，可能蕴含着智慧的蓝图。

当然，这句总结肯定是不够科学的。毕竟"智慧"这个词，我们就很难给出一个科学严谨的定义。但是，不知道你有没有这么一个感觉，长期以来，关于鸟类的脑袋里到底装着什么，我们人类其实是很困惑的。

这个困惑来自一个尖锐的对比：

一方面，我们知道有些鸟类其实是非常聪明的。

从密涅瓦的猫头鹰到填海的精卫，甚至是《伊索寓言》里喝水的乌鸦，东西方人类的祖先都不约而同地认可鸟类的智慧。

科学研究也证明了这一点。不少鸟类可以熟练地使用工具，即便把筑巢行为排除在外，也有不少鸟类能够叼起小树枝帮它们够到远处的食物，有些乌鸦甚至能拼接几段短树枝，制造一个更长的棍子去够食物。

还有，如果把喜鹊放到一面镜子前，它们居然能够顺利地认出镜子里出现的是自己而不是另一只鸟。这说明它们可能具备非常高级的"自我意识"。要知道，整个地球上也只有十种左右的生物具有这种能力，都是一般意义上特别智慧的生物，比如咱们人类、黑猩猩、红毛猩猩、海豚等。

                                                     现代中国人从哪里来

就连人类，也是差不多到了两岁之后才逐渐具备这个能力的。

而另一方面，我们又长期有意无意地忽略了鸟类的这种智慧能力。

我认为这主要是因为我们实在无法解释这种能力。因为智慧这件事本身含义太丰富、太难定义，而且很多时候又特别主观，所以我们对它的研究往往只能局限在人类当中。

如果真要推广到动物世界，我们一般的策略是推己及人——根据人类大脑的各种特征，按图索骥地到动物大脑里找相似，然后再根据这些相似反过来推测为什么动物也具备人类的某种智慧能力，以及为什么某种能力在动物之间有差别。

这么说可能有点抽象，我来打个比方。

比如我们认为，人类的高级脑功能都是由大脑皮层，更准确地说应该叫"新皮层"来完成的。人类大脑长得有点像一个大号的核桃，表面布满了各种褶皱。皮层就是这颗核桃外面那层薄薄的有颜色的膜，它的厚度只有几毫米，从外到内还可以继续分成6层。

与此同时，从前到后，从左到右，大脑皮层还能分成一个个垂直的、直径在几百微米尺度的结构单元，叫作"功能柱"。每个功能柱的直径大概是几百微米，包含了完整的大脑皮层的6层。而在功能柱之间，神经细胞还能形成横向的联系。

这么看的话，薄薄的一张大脑皮层，可以看成是由数以亿计的功能柱密密麻麻地排列在一起而形成的结构。有点像一大堆粉笔密密麻麻地装在一个盒子里，然后每一支粉笔还都有六截儿，有六种不同的颜色。

请注意，在所有哺乳动物当中，包括人类在内，大脑皮层的组织结构都是非常类似的，都是六层，都是密密麻麻的功能柱。这样一来，想要推己及人地做研究就比较方便了。

举个例子。我们知道，视觉是在大脑里一个叫作"视觉皮层"的区域完成的，这个区域在整个大脑的后面，后脑勺那个地方。所以，如果要在哺乳动物里研究视觉信息处理，我们就会关注动物大脑的类似区域。然后我们就会发现，不同动物的视觉信息处理有很多共性。

这种纵向和横向的组织方式保证了视觉皮层能对视觉信息进行充分和精细的处理，最终在大脑中呈现出复杂生动的视觉图像。

同时，我们也会研究人和动物的视觉皮层有什么区别，比如尺寸不一样、皮层的褶皱密度不一样、发育过程不一样等，并且从这些差异里推测为什么人类和动物的视觉能力不同。

大致就是这么一个研究路线。

但是，这套方法论对于鸟类是失效的。因为虽然鸟类能够完成很多复杂的任务，表现出高超的智慧，但是鸟类的大脑结构和人类大脑是完全不一样的。

之前人们普遍认为，鸟类大脑的结构完全不同，根本就没有哺乳动物的大脑皮层。说得更形象一点，打开鸟类的大脑，我们看到的不是六色粉笔密密麻麻排列在一起，而更像是一个个小乒乓球松散地堆在一起。这样一来，想要解释鸟类的智慧就变得困难了。

但是，这个难题在 2020 年得到了初步的解决。

2020 年 9 月 25 日，德国鲁尔大学的科学家们在《科学》杂志发表了一篇论文[1]。他们把鸽子和猫头鹰的大脑切成薄片，在显微镜下仔细追踪神经纤维的伸展方向。结果发现，至少在鸟类大脑的某些核心区域，神经细胞的组织结构其实和哺乳动物的大脑皮层没什么区别，也是横向可以分成几层，纵向可以分成一个个的圆柱体。

当然，如果你很仔细地看，仍然会发现，鸟类大脑的组织结构和哺乳动物不太一样，比如到底哪一层和哪一层的神经细胞纵向产生联系，比如功能柱之间如何传递信息。但是无论如何，至少从大脑的基本组织原则来说，我们可以说，人类和鸟类没什么区别。

大概是有意安排的结果，同一期《科学》杂志还发表了一篇讨论乌鸦的论文[2]。来自德国图宾根大学的科学家们成功训练 2 只 1 岁的乌鸦完成了一个很好玩也很烧脑的任务。

为了完成任务，乌鸦们需要紧盯显示屏，在屏幕上出现一个红色或者蓝色色块之后，做出合适的动作才能得到食物的奖励。其实，如果仅仅是蓝色转头、红色不转头这样的简单反应，倒是不难，就是一个简单的学习过程罢了，

---

1 Martin Stacho, et al, "A cortex-like canonical circuit in the avian forebrain," *Science*, 2020.

2 Andreas Nieder, et al. "A neural correlate of sensory consciousness in a corvid bird," *Science*, 2020.

即便是果蝇这样的小昆虫也能完成。

但是，科学家们设计了一个挑战：在红蓝色块出现之前2.5秒，有时候屏幕上会快速闪过一个非常浅的灰色色块。如果灰色色块出现，乌鸦们需要做的动作就彻底被颠倒过来了——本来是蓝色转头、红色不转，现在变成红色转头、蓝色不转。也就是说，在根据红色蓝色信号做出反应的时候，乌鸦们还必须考虑整个事情的"大背景"。

这个任务乌鸦们完成得非常出色，几乎可以做到100%的准确率。在很多科学家看来，这个发现意味着，乌鸦具备某种复杂的思考能力，而不仅仅是对一个外界刺激机械地做出反应。

这两个发现意味着什么呢？

我认为，一个特别重要的提示是，也许刚刚咱们描述的大脑组织方式，也就是多色粉笔整齐排列这个方式，可能是形成大脑复杂功能、形成智慧最好的方式。

在进化历史上，鸟类和哺乳类已经分开生活超过3亿年了，它们的共同祖先也许是一种不那么聪明的爬行类动物。也就是说，它们各自的大脑结构和复杂智慧，都是分别独立发展出来的。跨越3亿年的时光，地球上最聪明的两大类生物，最后殊途同归地选择了同样一种大脑组织结构来承载智慧。这也许就说明，这种组织结构是最容易产生智慧甚至是唯一能产生智慧的。

既然如此，这个已经被进化两次选中的结构也许对于人类设计人工智能算法或者制造类似人脑的计算机，都有很强的提示作用。

2 人类相貌的基因大数据分析

熟悉《巡山报告》的读者可能还记得，我们在前两本中曾多次讨论过基因差异对人类复杂特性的影响。其实，人类的很多生物学特征，比如身高、头发颜色、智商高低、是不是内向，甚至能不能上大学、会不会暴力犯罪、是不是容易得糖尿病，都在很大程度上受到基因差异的影响。

这个结论本身是很可靠的，科学家们通过分析同卵双胞胎之间的异同，就可以推测个八九不离十。但真正困难的地方在于，有没有可能找到具体是哪些基因差异，通过什么方式影响了什么人类特性。

要是这个问题能被回答，人类将真正进入一个个性化时代。我们知道，现在的互联网巨头会根据你的浏览历史、点击记录来给你做个性化推荐，要是把基因差异的信息也包括进去，那算法也许还真能做到比你自己还懂你。

这个东西怎么研究呢？

一个比较常用的研究方法叫作"全基因组关联性分析"（Genome Wide Association Study，GWAS）。简单来说，人和人之间的基因序列差异其实很小，大概只有整个基因组长度的 0.5%，这部分差异分散在整个基因组超过 100 万个位置上。因此，如果我们能够测定每个人在这些位置上的基因差异，然后收集每个人的生物学特征，两套数据之间做一个关联分析，就能知道哪些基因差异会在多大程度上影响什么人类特征。

这个逻辑说起来简单，但真做起来有两个技术障碍。

第一个障碍当然是要采集足够多人的基因差异信息。

这个问题现在已经被比较好地解决了，特别是英国和美国的几个机构已经进行了数百万人的人类基因差异检测。

但第二个障碍解决起来要更困难一些，就是要针对这些人采集到足够精确和详细的特征。

有些特征是比较容易采集的，比如身高、体重、血型、疾病历史等，数据库里可能本来就有。有些特征定义起来简单，发个问卷也就解决了，比如有没有同性性行为、什么政治倾向、什么教育水平。但更多的指标是模糊不清，需要重新定义才能开始计算的。比如，一个人到底是什么性格、长相如何、适合什么工作、适合什么配偶、抗风险能力如何、喜欢看什么视频、喜欢点什么外卖……所有这些都不是非黑即白，能用几个字描述的，需要一个系统的方法加以分析和提取。

2020 年 12 月，有篇发表在《自然——遗传学》上的论文做了一个特别有趣的示范 [1]。来自美国宾州州立大学的科学家们用刚刚咱们说的思路，研究了人类长相的遗传学。

1 White, J.D, et al. "Insights into the genetic architecture of the human face," *Nature Genetics*, 2020.

他们的研究方法是很有普适性的。因为长相和刚才咱们说的复杂特征一样，不是三言两语就能描述清楚的，于是这些科学家就收集了来自美国和英国的8246个人的3D人脸图像，每张脸都用7000多个点来描述。这样一来，就把一张张生动的人脸简化成了7000多个点的位置组合。

可想而知，这7000多个点的位置彼此之间是有联系的。人脸不管怎么变，结构上总是有一些基本规律吧？根据这些关联，科学家又把对人脸的描述简化成了63个变量的组合。到这里，对人类相貌的评价就变成了一个纯粹的数学问题。

之后，科学家们就把这8000多人的基因差异和他们的相貌差异对应起来，研究哪些相貌差异是哪些基因差异决定的。他们还真找到了200多个这样的基因差异，有的影响嘴角的弧度，有的影响额头的形状，有的影响鼻子挺不挺……

当然，如果你非要问我这项研究有什么用，我觉得大概率也并没有什么用。一个人的相貌大概率是基因决定的，这一点根本不奇怪。就算你知道哪些基因差异能够如何影响相貌，也不可能用来整容，毕竟相貌是从小到大发育而成的，哪怕你现在做基因编辑也改不了了。

但是我觉得，这项研究为未来一定会到来的基因大数据时代做了一个很好的注脚。

利用基因差异研究人类疾病已经是非常常规的操作了。现在市场上大量的基因检测产品，不管靠谱的还是不靠谱的，都是这么发展出来的。但是，利用基因差异研究正常人的复杂特性就做得比较少了。从相貌出发，我想，更多的人类复杂特性都能被精确描述和研究。而且别忘了，互联网平台已经掌握了很多人类的复杂行为特征，如果和现成的基因数据结合起来，突破也许指日可待。

注意，一旦这种研究有了重要发现，天然就能和互联网时代特别重视的精准投放、千人千面、个性化推荐结合起来。

这个情景，仔细想想还是有点可怕的。也许有一天，互联网平台掌握了一个人的基因信息和一个人的行为习惯信息，两相比较和结合之后，就能对一个人的性格、行为、爱好、习惯、健康情况、教育水平做出无比精准的推断，然后为他推送最有针对性的广告、产品和服务。而且，方式和时机还能选得恰到好处，让你根本无法抗拒。

我觉得，这一天的到来大概是不可避免的。毕竟今天我们已经在通过上交我们的行为数据，换取精准便利的互联网服务。如果上交基因数据能进一步提高服务质量，大多数人大概不会抗拒。

但是，考虑到基因数据对每个人来说都是唯一的、不可改变的、无法消除的，对基因数据的上交也需要更谨慎才行。

我想，在这一天到来之前，人类应该有足够的智慧发展出一整套系统来处理互联网上的数据所有权、使用权、隐私权和利益分配问题。考虑到基因科学的快速发展，这套机制的研究大概还需要更快一点、更有前瞻性一点才好。

3 植物基因的"水平漂移"

这种现象你肯定不陌生：父母亲把他们的遗传物质传给你，再从你传递给你的孩子，子子孙孙无穷匮也。在生物学上，这种遗传物质伴随着繁殖过程代代持续相传的现象，叫作基因的"竖向转移"。这是一种最重要的遗传物质在生物个体间持续传递的方式。

有"竖向转移"，自然也有"横向转移"。顾名思义，基因的横向转移指的就是基因沿着水平方向从一个个体转移到另一个个体，甚至从一个物种转移到另一个物种的现象。

在比较原始的生物，比如细菌当中，基因的横向转移是一个非常常见的现象，而且方式多种多样。有时候，细菌的遗传物质会丢失到环境中，转而被别的细菌个体接纳；也有时候，入侵细菌的病毒——所谓的"噬菌体"——能够在感染不同细菌的过程中，顺带把一些遗传物质也带来带去。这种现象在细菌当中非常普遍，细菌往往就是靠这种方法把能够抵御抗生素杀伤的基因广为传播，从而形成群体抵抗力的。

但到了复杂的真核生物，特别是多细胞真核生物之间，基因横向转移的例子就极其罕见了。这个倒也不奇怪，我们从逻辑上就很难想象，玉米的基因如何进入一只啃食玉米的麻雀的身体细胞内，或者一头死去的狮子的基因如何进入青草的细胞内。类似的现象就算发生，也一定是极其罕见的，否则物种之间的界限就会变得非常模糊。

但就在 2021 年 3 月 25 日，中国农业科学院蔬菜花卉研究所的张友军实验室在《细胞》杂志发表了一篇非常有意思的研究论文 [1]。他们发现，一种全球性的农业害虫——烟粉虱，居然通过基因横向转移的方式从植物当中获得了一个新基因，并且利用这个新基因绕开了植物的防御系统，让烟粉虱成功寄生在很多植物之上。烟粉虱之所以能在全世界兴风作浪，对番茄、黄瓜、豆类、棉花等许多植物造成巨大破坏，背后的原因可能也正是如此。

他们的研究发现说起来很直接。研究者们从烟粉虱的基因组里找到了一个 1386 个碱基长度的新基因，命名为BtPMaT1，它负责编码一个叫作酚糖丙二酰基转移酶的蛋白质。这个名字很拗口，你不需要记住。你只需要知道，很多种植物为了抵御动物，特别是昆虫的啃食，都进化出了酚糖这一类味道很苦，对昆虫有害的化学物质。通俗点说，就是努力让自己变得不好吃。比如，柳树皮里提取出来的水杨苷就是一种酚糖，它就是大名鼎鼎的阿司匹林的前身。但是，酚糖对植物自己也有毒性，所以相应的，植物就进化出了一个能破坏酚糖的解毒剂给自己用，这就是

1 Jixing Xia, et al. "Whitefly hijacks a plant detoxification gene that neutralizes plant toxins," *Cell*, 2021.

酚糖丙二酰基转移酶。

换句话说，植物生产了一个毒素释放出来，但是自己偷偷戴了个防毒面具。这样一来，毒素就只会威胁入侵的昆虫，而不会影响自己了。

但是科学家们发现，烟粉虱基因组里居然也有一个酚糖丙二酰基转移酶基因。它在烟粉虱的肠道里含量很多，也确实能够破坏酚糖。更重要的是，在除了烟粉虱之外的所有昆虫里，这个基因都找不到，和它序列最接近的基因都来自植物体内。

烟粉虱自己并不会生产酚糖，因此并不非得需要一个破坏酚糖的基因。这些发现最简单的解释就是，烟粉虱体内的这个破坏酚糖的基因是在进化过程中从植物那里横向转移来的。这个"漂移"过程是如何发生的，我们不得而知，但结果很容易想到：一旦拥有了这个植物的解毒基因，烟粉虱就能绕开植物的防御系统，大摇大摆地啃食植物的叶子了。研究者在论文里还直接引用了《韩非子》一书中著名的"以子之矛，攻子之盾"的寓言，非常传神。

这个研究有什么提示意义呢？研究者们在论文里确实提到了一个妙用。既然烟粉虱是靠来自植物的解毒基因解毒的，那反过来，解铃还须系铃人，如果在植物里，比如番茄里，安装一个专门破坏这个解毒基因的开关，就能破除烟粉虱的防御技能了。而且更重要的是，既然这个植物解毒基因在整个昆虫世界里就只有烟粉虱才有，那针对它搞破坏，就不会影响其他昆虫的生存繁殖，对生态系统的破坏也会比较轻微。

当然，围绕这个研究，我还有两个感想想分享一下。

首先，这是科学家第一次发现动物和植物之间横向基因转移的现象。这种现象显然并不频繁，在植物和昆虫几亿年的共同进化历史上，发生的次数不说绝无仅有，应该也是凤毛麟角。所以，我们不需要担心每天吃蔬菜就会吸收什么植物基因进入我们的基因组。但既然它确确实实存在，我们就非常希望能搞清楚它到底是怎么发生的。毕竟，两类生物都有完整严密的身体结构，有高效的防御系统，一个基因片段怎么穿越重重阻碍完成物种之间的跨越，真要细说，可能就是一部史诗。这里面一定隐藏着不少全新的生物学。

其次，我想你肯定知道进化树这个概念，就算没听说过这个词儿，也一定在书本、自然博物馆里见到过画得像一棵树一样的进化路线图。几十亿年前的某个共同祖先不断传宗接代、开枝散叶，演化出了今天地球生物世界里的动物、植物、细菌、真菌等分支，以及成千上万的不同物种。

但是你大概不知道，这棵进化树的绘制背后有一个基本的科学假设，就是基因主要是靠竖向转移的方式传递的。我们默认，基因主要是通过父传子、子传孙的方式代代相传，同时伴随着微小但不可避免的基因变异。这样一来，只要对比不同物种的基因序列差异，就能大致判断它们在多久之前有一个共同的祖先，这个共同祖先的基因序列是什么样的，从而画出一个有共同树根、许多树权、大量小树枝的进化树。

但如果基因序列不光能够竖向转移，还存在横向转移事件，甚至在某些场合横向转移还挺普遍的话，进化树的绘制就会出现问题，甚至还能不能画出可靠的进化树都得打个问号了。

就拿烟粉虱这个研究来说吧。现在发现，至少它体内的一个基因，就是这个酚糖丙二酰基转移酶基因，和其他昆虫完全不沾边，反而和植物基因高度相似。你要根据这个基因的序列绘制烟粉虱，它就会出现在进化树的植物分叉里，而我们显然知道这是不对的。那问题就来了，在画进化树、理解生物进化历史的时候，我们到底需要挑选哪些基因序列来画图呢？当然，我这个脑洞开得有点大，毕竟我们很容易判断，烟粉虱是一种不折不扣的半翅目昆虫，和蚜虫是亲戚，和植物关系很遥远。但根据咱们的这些讨论，我想你也一定能理解，搞明白基因横向转移这个现象，对于我们理解生物进化历史有多重要了。

4 植物生长中的相分离现象

我们知道，动物的发育依赖于身体内部各种干细胞持续不断地分裂，新生的细胞再进一步分化出不同的生物学功能，共同支撑起成熟的动物身体。

植物其实也类似，地上枝干和地下根系的形成分别依赖两群具有持续分裂能力的干细胞，我们称之为"顶端分生组织"和"根尖分生组织"。根的生长，还稍微单纯一点，而对于顶端分生组织来说，它有一个特别重要的使命，就是合理分配资源——首先集中精力长出足够的茎和叶维持植物生存，然后在合适的时间切换工作模式，长出帮助植物繁殖的花朵和果实。

这两种工作模式的切换是如何完成的呢？

接下来要介绍的这项研究，是中科院遗传发育所许操研究员和清华大学李丕龙教授共同完成的，并在 2021 年 2 月 25 日发表于《自然——化学生物学》杂志[1]。

研究者们首先证明了过氧化氢（H_2O_2）这种化学物质的作用。在快速生长的番茄枝头，顶端分生组织的干细胞

---

1 Xiaozhen Huang, et al. "ROS regulated reversible protein phase separation synchronizes plant flowering," *Nature Chemical Biology*, 2021.

快速分裂，会产生过氧化氢这种代谢副产品。一般来说，这种活性氧分子被认为是有害的、需要被清除的。你可能见过不少以清除氧自由基为噱头的保健品。但这些科学家们发现，在番茄枝头聚集的过氧化氢还起到了很重要的生物学作用。如果人为清除掉它们，番茄就会少长三四片叶子，提前结束生长而进入开花状态，这当然对它们的生存和繁殖很不利。换句话说，过氧化氢起到了一个自我实现的正反馈作用——植物生长越旺盛，过氧化氢越多；过氧化氢越多，植物就会继续生长。直到适合开花的条件出现，这个正反馈循环被叫停为止。

这个正反馈到底是如何实现的呢？换句话说，过氧化氢这个分子为什么就能起到命令植物别着急开花、继续长叶子的作用呢？

这就要说到这项研究另一个非常有趣的地方了——研究者发现，过氧化氢分子能够激活一个叫作 TMF 的蛋白质，让它聚集成团、结合在 DNA 分子上，关闭一个负责开花命令的基因（AN）。要说在细胞内部开关一个基因这事，本身没什么稀奇的。有意思的是这个开关的过程。研究者们发现，过氧化氢这种化学物质能够氧化 TMF 蛋白上的几个氨基酸，改变它的化学性质，让 TMF 分子彼此间形成松散的连接。

这种连接的强度没有大到能让 TMF 分子形成固态的沉淀，但足以让它们聚集成团，形成类似果冻一样的状态。其实，果冻这个比喻也不是特别精确，因为果冻已经是一种类似固体的状态了。非要类比的话，可能有点像在水面滴上几滴水银的感觉（其实，这个比喻也不够精确，因为水和水银滴之间是没有物质交换的，而在液-液相分离的两个相里，化学物质可以自由穿梭。但至少，这个比喻能帮助我们想象相分离的状态）。同样是液体，水银滴和水之间会出现明显的边界，水银滴能在水里自由移动，小的水银滴还能汇聚成大滴。这就是所谓"液-液相分离"的现象。同样都是液体，彼此也没有物理阻隔，但因为分子组织形式的不同，形成了不同的"相"。

在过氧化氢的作用下，TMF 分子就形成了这么一个独立的"相"，聚集在 DNA 分子的特定位置附近，起到开关基因的作用。你可以理解成，这个相存在在细胞内的一个局部位置形成了 TMF 分子的超高密度，可以保证基因开关的持续性和稳定性。

你看这个研究，是不是也有点"以子之矛、攻子之盾"的意思？本来过氧化氢是植物细胞快速分裂的副产品，但植物细胞偏偏能废物利用，用它来维持自己快速分裂的生长状态。而在这个过程中，相分离扮演了非常关键的角色。

这里，我想多说几句相分离这个概念。在过去 10 年间，相分离可能是整个生物学研究领域最火热的概念之一。自从 2009 年被首次发现至今 [2]，人们已经在各种生物、各种细胞、各种蛋白质、各种生物学过程中发现了它的存在。这次我们讨论的研究也是案例之一。

为什么它特别引人注目呢？因为相分离回应了人们长

2 Clifford P. Brangwynne, et al. "Germline P Granules Are Liquid Droplets That Localize by Controlled Dissolution/Condensation," *Science*, 2009.

久以来的一个困惑，就是在细胞内部，数以百亿计的蛋白质分子是如何实现特定的时空分布的。通俗来说就是，那么多蛋白质怎么知道自己该在什么时间出现在什么位置上。

你可以把一枚细胞的内部想象成一个巨大的海洋，然后蛋白质分子就像潜水艇一样在海洋内部穿梭。这种想象在很大程度上可能是对的，但我们同时又知道，蛋白质分子的分布有很强的特异性。比如，负责开关基因的蛋白质，一定得出现在细胞核内部，还得正好定位到负责开关的DNA片段附近才可以工作。再比如，负责传递神经信号的蛋白，必须定位在神经的突触附近才能准确识别来自其他神经细胞的信号。蛋白质分子自己又没有带全球卫星定位系统（GPS），它怎么判断自己在哪儿，又该去哪儿呢？

当然，生物学家们知道，细胞内有一些精细的结构，比如线粒体、内质网、细胞核的核膜等，它们是由类似细胞膜的物质包裹起来的，有点像大海里面的岛屿、礁盘、海沟，能起到辅助定位的作用。但是，这种定位的精度是不够的，而且变化速度也不够快。而相分离这种现象的发现，为这道难题给出了一个全新的解题思路——蛋白质分子只需要在特定信号的诱导下形成一个全新的"相"，就能够在细胞这片大海内部快速定点聚集，发挥功能；也能够快速解散，寻找下一个目标。

当然，也因为相分离能够回答如此重要的问题，我们也不得不承认，这些年来，它似乎也有被滥用的嫌疑。甚至有这么一种感觉，只要想回答蛋白质分子的时空分布问题，"相分离"就成了一个标准答案。在 2021 年 2 月 22 日，《科学》杂志甚至还发表了一篇名为《相分离焦虑》的评论文章，讨论这种类型的研究到底是不是靠谱，讨论科学家们在特定条件下看到的蛋白质分子聚集是不是真的代表某种新的"相"的出现[3]。

我想说的是，针对这么一个新生的研究领域，热情、滥用、焦虑、质疑其实都是正常的现象。科学史上每一次范式革命其实也都是这么发生的，热热闹闹，吵吵闹闹，最后才尘埃落定。这个领域的科学家当然还有很多艰难的功课要做，有很多具体的技术问题要解决，至于我们，保持乐观、持续关注就好。

---

3 Mitch Leslie. "Separation anxiety," *Science*, 2021.

5 人-猴嵌合体胚胎

在《巡山报告 01：基因编辑婴儿》和《巡山报告 02：如何理解一种全新疾病》中，两次提到"嵌合体胚胎"这个概念。在《巡山报告 02》中，我们提到，2019 年 11 月，来自中国科学院的科学家发表了一项研究：他们创造了两只猪-猴的嵌合体，这两只小猪体内，携带着一部分猴子的细胞。

最近，中国和美国科学家联手创造了世界上第一批人-猴嵌合体胚胎。这项研究发表在 2021 年 4 月 15 日的《细胞》杂志上 [1]。

简单来说，科学家会在早期动物胚胎中植入一定比例的人类干细胞，让这些来自人体的细胞伴随动物的胚胎一同发育长大。他们的期待是，如果条件合适，也许等动物胎儿真正降生甚至长大之后，它们身体里的人体细胞能长成一个或几个完整的器官。这样一来，这些原汁原味的人体器官就能为器官移植手术提供充足的原材料。反过来说，这些被植入人体干细胞的动物胚胎，作用有点像人体器官

---

[1] Tao Tan, et al. "Chimeric contribution of human extended pluripotent stem cells to monkey embryos ex vivo," *Cell*, 2021.

的活体培养皿。

概念说起来很简单，但真想用动物做活体培养皿帮我们制造人类器官，技术难度是非常大的。这次我们讨论的研究，试图解决的也只是整条技术路线上的一个重要关卡。

为了说明这个问题，我们先整体描述一下嵌合体研究的面貌。从逻辑上说，至少有这么几个大的技术关卡需要解决：

一是批量培养具备分化能力的人体干细胞；二是需要在体外培养条件下持续发育的动物胚胎，用来做人体干细胞注射和之后的精细分析；三是需要保证注射进入动物胚胎的人体干细胞能够比较好地存活和继续分裂繁殖；四是需要定向指导这些干细胞朝一个特定方向发育，比如变成一个肝脏、一颗心脏；五是能够把嵌合体胚胎重新植入动物子宫，让它们继续发育，直到这些动物顺利出生，或者至少活到它们体内的人体器官发育成熟。只有这五步全部完成，科学家的目标才能说真正实现了。

我们接下来分别说说这五个关卡。

第一步，批量制造人体干细胞，这个问题在 2006 年出现重大突破。

日本学者中山申弥证明，只需要操纵 4 个基因，就能让已经分化完成的小鼠体细胞重新回到干细胞状态，具备分化发育成其他类型的细胞的潜力。这就是此后大红大紫的 iPS 细胞，也就是人工诱导多能干细胞的概念[2]。在那之后，

---

2 Kazutoshi Takahashi, et al. "Induction of Pluripotent Stem Cells from Mouse Embryonic and Adult Fibroblast Cultures by Defined Factors," *Cell*, 2021.

全世界不少实验室都参与到人工诱导多能干细胞的技术优化中，这道关卡已经不再是个困难了。

第二步，动物胚胎的体外发育长期以来都是一个很大的技术难题，直到现在都没有很好的解决方案。

原因不难想象，哺乳动物胚胎天然的发育环境是母亲的子宫。以人类为例，精子、卵子结合之后就开始了持续的细胞分裂，从一枚受精卵变成一个由一团细胞组成的微小胚胎。但处在游离状态的胚胎是无法持续发育的，在受精后 6～7 天的时候，它要在母亲子宫内寻找合适的位置，和子宫内膜结合，并且钻入其中，完成这个所谓"着床"的过程后才能继续发育。整个发育过程中，母亲子宫提供的环境是至关重要的。根据这个描述你就能明白，想要让动物胚胎在实验室的培养皿里，而不是母亲的子宫里发育，当然是件非常困难的事情。

目前，科学家能让小鼠的胚胎在体外发育到大约 11 天（完整胚胎发育过程需要 20 天左右），能看到各个器官开始形成，但是距离养出一只活蹦乱跳的动物后代还差得远[3]。科学家能够在培养皿里把人类胚胎养到 12～13 天，距离人类胚胎正常发育所需的 260 多天还差得远。而且国际学术界的"14 天规则"，禁止科学家在体外把人类胚胎培养到 14 天之后，因为 14 天被认为是胚胎神经系统开始发育的时刻。

---

3 Alejandro Aguilera-Castrejon, et al. "Ex utero mouse embryogenesis from pre-gastrulation to late organogenesis," *Nature*, 2021.

而在 2019 年，科学家通过优化培养条件，第一次让食蟹猴的胚胎在培养皿里发育到了 20 天。相比之下，食蟹猴胚胎正常发育需要 200 天左右[4,5]，这已经是很大的进步了。

第三步，保证注射进入动物胚胎的人体干细胞比较好的存活和继续分裂繁殖。这个关卡是近年来研究的热点，也是这篇论文的亮点。

科学家给每只猴子胚胎注射了 25 个人体干细胞，随后在培养皿里培养这些猴子胚胎，并观察这些人体干细胞在猴子胚胎内部的存活和分裂情况。他们发现，注射后一天，100% 的猴子胚胎内能找到人体干细胞的踪迹；注射后 1 周，还有 40% 的胚胎中存在人体干细胞。只有少数嵌合体胚胎能够培养到受精后 19 天，从中仍然能找到人体干细胞的存在。

在这个过程中，干细胞能够进入猴子胚胎的不同部分，持续地分裂繁殖。换句话说，这项研究从理论上证明，在人-猴嵌合体胚胎中，两种来源的细胞至少是可以共存和共同发育一段时间的。

当然，我们也不能过度乐观地解读这个数据。比如我们需要看到，植入了人类细胞的猴子胚胎存活能力会大大下降，只有不到 3% 的能活到受精后 19 天；而作为对比，"原汁原味"的猴子胚胎能有 20% ~ 30% 的活到这个时间。这

---

4 Yuyu Niu, et al. "Dissecting primate early post-implantation development using long-term in vitro embryo culture," *Science*, 2019.

5 Huaixiao Ma, et al. "In vitro culture of cynomolgus monkey embryos beyond early gastrulation," *Science*, 2019.

也许说明，人类细胞的植入大大损害了猴子胚胎的健康。这一点倒也不难理解，毕竟对于猴子胚胎来说，人类细胞是不折不扣的外源物质，是需要排除的入侵者。

实际上，科学家在之前尝试过的所有人–兽嵌合体胚胎，包括人–鼠、人–猪、人–牛、人–羊胚胎，都出现了类似的问题。

以人–猪嵌合体胚胎为例，一项 2016 年的研究发现，胚胎中只有十万分之一的细胞是人类细胞[6]；与之相互印证的是，2019 年中国科学家主导的一项研究发现，猪–猴嵌合体中最多也只有千分之一的细胞是人类细胞[7]。这些发现至少提示了一个可能性，就是想要真正用嵌合体的方法培育人类器官，我们得先解决让人类细胞在动物胚胎中长期生存，同时又不干扰动物胚胎的存活发育这个大问题。

有些科学家甚至认为，在这个问题解决之前，尝试各种人–兽嵌合体胚胎，在科学上价值并不是很大。

对于这个争议，我是这么看的：

一方面，这类尝试是有价值的。如果未来真想利用嵌合体的方式培养人类器官，人–猴嵌合体可能是最好的选择之一，毕竟猴子比猪、牛、羊等动物更接近人，更能为人类器官提供一个合适的发育场所。证明人–猴嵌合体的路线是不是可行，当然是重要的科学探索。

而另一方面，我也同意在这之后，科学家的精力需要

6　Ana S. Gonzalez-Reiche, et al. "Interspecies Chimerism with Mammalian Pluripotent Stem Cells," *Cell*, 2016.

7　Rui Fu, et al. "Domesticated cynomolgus monkey embryonic stem cells allow the generation of neonatal interspecies chimeric pigs," *Protein Cell*, 2020.

更集中在看起来不那么吸引眼球，但对于器官培养更重要的问题上来。比如，如何保证不同物种的细胞在一个胚胎中长期共存、如何保证发育出的人类器官有合适的大小和正常的功能等。

接下来是最难的第四步，定向指导植入的人类干细胞发育成特定的器官。

截至目前，所有的人–兽嵌合体胚胎研究都无法做到这一点。简单理解的话，可以认为，注射进入动物胚胎的人体干细胞，到底定位到什么位置、按什么节奏分裂繁殖、分化成什么类型的细胞，又在什么时候死亡，对我们来说，至今仍然是个完全的黑箱，无法理解，也无法操控。这个问题的核心在于，我们本来就不特别清楚在胚胎发育过程中，不同类型的细胞是怎么一步步从干细胞分化，然后还能组织起来，形成具有特定结构和功能的器官和组织的。

而如果这个定向发育的关卡过不去，人–兽嵌合体胚胎的实际价值就大打折扣。毕竟我们总不能每次都培养几十上百个胚胎，然后挑当中好用的一两个来使用。而且，你可能想到一个特别棘手的问题：要是这些人体细胞碰巧主要进入了动物的神经系统，让动物长了一颗人类的大脑，那麻烦就更大了。

在这个问题上，有一个方向的研究倒是能给我们一些启发——

2010年，日本科学家往天然缺失胰腺、身患糖尿病的突变体小鼠胚胎中，注射了来自大鼠的干细胞。结果发现，这些来自大鼠的细胞能在小鼠体内长出完整的胰腺，而且这枚胰腺还能正常分泌胰岛素，调节小鼠的血糖[8]。

2017年，这群科学家进一步做了一个更牛的实验。他们证明，在嵌合体中培养的胰腺还可以直接取出来做器官移植，治疗小鼠的糖尿病[9]。具体来说，这一次他们把实验反过来了——从糖尿病小鼠身上取出身体细胞，人工诱导成干细胞，然后注射到缺失胰腺的大鼠身上，结果这些干细胞就在大鼠体内长成了胰腺。通过手术取出这枚胰腺，移植给糖尿病小鼠，就等于给这只小鼠换上了一个它自己身体细胞变出来的胰腺。

这些研究给我们一个重要的提示，虽然我们还是不太明白干细胞到底是怎么变成器官的，但看起来，干细胞也有见缝插针的能力。动物身体里缺什么器官，它们就会跑到哪里长出一个新的来填补空白。

第五步是把这些胚胎重新放回母亲的子宫，直到后代顺利出生。

目前对于人–兽嵌合体胚胎，这一步是严格禁止的。我们实在不希望在技术和伦理都还没有成熟的时候，就匆忙生下一堆带有部分人类特征的动物。不过，如果上面四个关卡都顺利通过，特别是能够保证人体干细胞在嵌合体胚胎内部定向发育之后，那未来有一天，我们应该也会对第五步绿灯放行。

---

8 Kobayashi T, et al. "Generation of rat pancreas in mouse by interspecific blastocyst injection of pluripotent stem cells," *Cell*, 2010.

9 Tomoyuki Yamaguchi, et al. "Interspecies organogenesis generates autologous functional islets," *Nature*, 2017.

当然，这里要强调一下，虽然人-兽杂交这个概念可能会让你觉得有点恐怖，但我们这次介绍的一系列人-兽嵌合体研究，科学家们都遵循了严格的伦理规范。

6 脑机接口新进展：意念写

《巡山报告 01》中我们所谓脑机接口，指的是试图在人脑和外部机器设备之间建立信号联系，让人脑直接控制这些设备的技术。当然，在现实中真的应用于人脑之前，人们往往是在动物模型上测试。

从理论层面说，这类技术的逻辑并不复杂，在半个多世纪前就已经开始被讨论了。

我们知道，人脑由大约 860 亿个能产生微弱电信号的神经细胞组成。平均而言，每个神经细胞又可以通过一种名为"突触"的结构，和周围大约 1000 个神经细胞产生联系，实现信号的输入和输出。因此，人脑可以粗糙地看成是由 860 亿个元器件密集连接而成的一个复杂的三维电信号处理网络。人的所见所闻、喜怒哀乐、举手投足，都可以看成这个信号网络某一个特征状态的输出产物。

既然如此，从逻辑上说，如果我们能够实时记录这个三维信号网络当中元器件的电信号强弱，就应该能计算出大脑此时此刻的所思所想。如果把这个信息和我们身边的机器设备连接，人脑也应该可以直接指挥它们运转。更进一步，我们甚至还有可能把外部世界的信息转换成电信号，直接输入到大脑里，人为改变它的状态，那模拟现实、篡改记忆、知识移植也都不是难事了。

当然，一直到今天，这些仅仅是理论上的可能性。在技术上，人类目前最多也就是实时记录几百上千个神经细胞的电活动，距离记录整个人脑的电信号还有许多个数量级的差距。同时，因为我们对大脑的工作原理至今仍知之甚少，所以很多时候即便把电信号记录下来了，也无法理解这些信号代表什么，更不要说用它去操控机器了。反向往大脑里输入信息，更是天方夜谭。所以，这项技术一直没有成功破圈，也就是偶尔在科幻作品中露面。

当然，最近这几年，特别有想象力和开拓精神，同时也特别善于吹牛的"硅谷钢铁侠"埃隆马斯克（Elon Musk）把脑机接口这类技术一次又一次带到大众面前。

2019 年，他旗下的神经链接（Neuralink）公司发布了一款微型"缝纫机"，能在大脑中植入微型电极，记录超过3000 个神经细胞的活动。

2020 年，马斯克又亲自展示了大脑中植入了微型电极的小猪，证明他的脑机接口设备能够记录猪脑神经细胞的活动。

到了 2021 年，马斯克的公司上了一次头条，向世界展示了一只猴子能够不动手，直接通过脑机接口，控制电脑屏幕上光标的移动方向，甚至可以玩乒乓球对战。

很多人通过马斯克的宣传，第一次知道这种科幻级别的技术，纷纷惊呼"未来要来了"。

但是平心而论，马斯克和 Neuralink 公司固然在工程技术产品化，还有大众宣传方面做出了重要的贡献，但在源头创新上其实做的并不多。

2021 年，马斯克展示了猴子用意念控制光标的成果之后，脑机接口的先驱、杜克大学教授米吉尔·尼克勒利斯Miguel Nicolelis 愤怒地在社交媒体上发声，认为马斯克的公司并没有什么创新，他自己的实验室早在 2003 年就取得了类似的成果[1]。当年，他的实验室在猴子的运动皮层区域插入电极，实时读取了多达上百个控制躯体运动的神经细胞的电活动，再把这些信息"翻译"成前后左右移动的指令，成功地让猴子用意念控制机械臂。除了装置不那么新奇之外，和马斯克在 20 年后展示的工作没什么本质区别。

实际上，在过去 20 年间，全世界不少脑机接口实验室都展示过类似的成果：控制机器手端饮料，控制机器腿开球，控制屏幕上的光标移动，控制机器人玩石头剪刀布……背后的原理都大同小异。这么看的话，我们确实要对马斯克的宣传打个折扣再看了。

不过，这个领域也一直有实打实的进展出现。

比如 2019 年 4 月，美国加州大学旧金山分校的科学家就完成了这么一项研究。他们用一块微型电极，记录了人脑运动皮层的神经电活动，然后将它转换成人的发声器官，比如舌头、下颚、喉部的运动，最终实现了意念到声音的转换，让人能通过控制电子发声器替自己说话[2]。这项研究

1 Jose M Carmena, et al. "Learning to Control a Brain-Machine Interface for Reaching and Grasping by Primates," *PLoS Biology*, 2003.

2 Gopala K. Anumanchipalli, et al. "Speech synthesis from neural decoding of spoken sentences," *Nature*, 2019.

我在《巡山报告01》中也介绍过。

就在 2021 年 5 月，一项脑机接口的新进展出现了——

斯坦福大学的科学家走了另一条技术路线，也实现了类似的目标：帮助人们重新获得交流的能力。这项研究发表在 2021 年 5 月 12 日的《自然》杂志[3]。这项研究试图实现的目标是，让高位截瘫、手脚都无法移动的患者用意念写字。

这里要说明一下，"意念写字"与一字之差的"意念打字"很不一样。意念打字是一项相对成熟的脑机接口技术，业内甚至已经有一些定期举办的比赛。意念打字有两个常规的实现方法，一个是在屏幕上给一个键盘，受试者控制光标的移动，选定需要的字母；还有一个方法，同样是屏幕上给一个键盘，键盘上每个字母对应的闪烁频率不一样，受试者盯着哪个字母看，这种特殊的闪烁频率就会进入大脑，被电极记录下来。

你可以想象，意念打字的技术难度其实和脑机接口控制机械臂、机械腿区别不大。归根结底，只需要读取大脑中比较有限的神经信号，经过长期训练，把这些神经信号的特征和某个简单的输出——比如光标的移动方向——对应上，就可以了。

而意念写字就不一样了。正常人拿笔写字，需要非常精细的运动控制能力。五六岁的孩子和七八十岁的老人完

---

3 Francis R. Willett, et al. "High-performance brain-to-text communication via handwriting," *Nature*, 2021.

成起来都不太容易。所以，要是脑机接口让人能意念写字，代表脑机接口技术又出现了巨大的飞跃。

而这个任务真的被实现了。

在这项刚发表的研究中，研究者们给脖子以下高位截瘫的一位代号"T5"的患者脑中植入了 2 块 4 毫米的芯片，共携带 192 根微型电极。你可以大致认为，每个电极能记录 1 个到数个神经细胞的电活动。

研究者们首先要求受试者 T5 假想自己正拿着笔、根据屏幕的指示抄写一个个字母，同时记录他大脑中控制躯体运动的区域的神经电活动。这样一来，他们就可以在不同的字符和 192 根微型电极记录到的神经电活动之间，建立一一对应关系，而且他们发现，两者的对应关系很稳定。比如说，每次患者试图用意念写字母 s 的时候，电极记录到的神经电信号都比较相似，而且和其他字母对应的电信号不一样，很容易区分开。

但请注意，能通过脑机接口写出单个字母，和一气呵成写连贯的句子和文章，技术上还是有很大区别的。一个特别重要的问题是，当一个人，比如患者 T5 在连续写字的时候，他写每个字母需要的时间长短不一，更不会每写一个字母就停下来通知电脑，因此，脑机接口需要聪明地对实时采集到的神经电信号进行一段段的精确切割。只有这样，才能正确地解读出每个字母，然后拼接成语句。

这项任务，研究者动用了深度学习的方法。几天时间里，让患者 T5 在意念中反复抄写了 240 多个句子，同时实时记录他大脑中的一连串神经电信号。利用深度学习算法，在正确的句子和电信号之间反复训练，很快就把字母识别错误的概率降低到了5.4%，同时保证了每分钟90个字符的输入速度。如果再加上自动拼写纠正的功能，这套算法的字母识别错误率更是降低到了惊人的0.89%，单词识别错误率也只有3.4%。这个水平已经基本接近正常人手写字的速度了。

更重要的是，这个输出能力不光是抄写句子的时候能实现。经过训练之后，哪怕T5随心所欲地想写什么写什么，这套工具和算法也能实现每分钟超过70个字符、单词识别错误率2.25%的好成绩。这个结果远超之前所有脑机接口，包括咱们提到的相对成熟的意念打字技术。

总结一下，通过记录更多的神经细胞的电活动信号，通过深度学习的训练方法，研究者将脑机接口的信号捕捉、处理和输出能力大大提高，让瘫痪患者能够用意念写字输出。这项技术也基本具备了在真实世界里使用的能力。

说到这，我们可以回顾一下脑机接口这项技术的发展路径。

不知道你意识到没有，控制机械臂拿饮料、踢足球、控制光标玩游戏、合成语音、意念打字、意念写字，脑机接口这一整条发展路径主要是针对运动输出技能的，让微型电极读取专门控制躯体运动的大脑区域的神经信号，把它转化为外部设备的运动。

这条技术路线出现这么多进展不是没有原因的，毕竟人的躯体能进行的运动，本身也就那么几类，神经电信号能够呈现的特征状态的种类不会太多。

相应的，人们很早就知道，人脑运动皮层输出运动指令的方式也比较简单，可以粗糙地认为是一个各自投票、数人头的机制。每个神经细胞代表一个特定的运动方向，当一群神经细胞开始活动，代表哪个运动方向的神经细胞活跃程度高，哪个方向就胜出。这样一来，从技术上说，在大脑运动皮层收集几十上百个神经细胞的活动，理论上就有可能还原出非常精细的躯体运动。

而想要利用脑机接口读取人脑当中正在涌现的一种感觉、一股情绪、一个专门知识，或者利用脑机接口技术直接向人脑中输入一个画面、一段记忆，这种信息的多样化程度要远远高于运动控制，相应的，神经电信号可能出现的特征状态几乎是无穷无尽的。这就要求我们记录到更多的神经电信号，还要有更强大的算法进行分类和识别才行。

在这方面，脑机接口技术本身和神经科学的基础理论，还有很长的路要走。这些方面取得突破，才能真的实现让人脑直接控制电脑、意识上传、人脑联网等马斯克所说的未来的科幻场景。

7　镜像DNA信息存储

　　科学家们利用镜像生物学的技术，把人工合成的、自然界完全不存在的 DNA 分子，变成了信息存储甚至是加密存储的工具。这项研究发表于 2021 年 7 月 29 日的《自然——生物技术》杂志，成果来自清华大学生命科学学院的朱听实验室。[1]

　　先说明一下，用 DNA 序列存储信息本身是一个有很长历史的概念。这道理也不难理解，我们知道 DNA 分子是 A/T/C/G 4 种碱基分子按照某个特定顺序首尾相连形成的链条。在生物体内，这条长链按照 3 个相邻碱基对应一个氨基酸分子的方式，记录蛋白质分子的装配信息，指导蛋白质分子的生产。那么类似的，只要我们设计一套信息编码方案，理论上能用 DNA 分子编码任何信息。比如，两个相邻的碱基分子一共有 4×4=16 种组合，足以编码 0～9 十个阿拉伯数字，我们可以规定 AA 对应 0，AC 对应 1，等等。类似的，3 个相邻的碱基分子一共有 4×4×4 = 64 种组合，足以编码 26 个英文字母，我们可以规定 AAA 对应字母 A，AAC 对应字母 B，等等。这样我们

---

1 https://www.nature.com/articles/s41587-021-00969-6?proof=t%C2%A0

就可以把数学公式和英文文章写成 DNA 序列。

在 2017 年，甚至有科学家把 1878 年拍摄的一段马匹奔跑的电影写成了 DNA 序列并存储在了细菌当中。技术逻辑也是类似的。科学家们把小电影拆分成许多静态图像，每张图像再拆分成许多个像素点，每个像素点对应一个特定的灰度值（当时的电影还不是彩色的），这样一来电影就能被拆解成一长串数字的特定排列。再按照上面的方法把它写入 DNA 序列，然后化学合成这么一段 DNA 分子，转入细菌，就可以了。[2]

用这种方法存储信息除了科幻之外，确实也有几个潜在的好处。首先，信息的存储和读取分别可以靠 DNA 的化学合成和 DNA 测序来解决，而两者的成本都在飞速降低，降低速度还超过了计算机领域著名的摩尔定律。其次，DNA 分子作为信息介质，存储密度要远远大于人类制造的基于电磁技术的存储工具，比如硬盘、优盘、磁带等。毕竟 DNA 分子存储一个比特信息只需要几个碱基分子。还有一个巨大的好处，就是以 DNA 形式存储的信息，复制起来非常方便。比如说上面提到的这个 DNA 存电影的研究，一旦把记录电影信息的 DNA 转入细菌体内，那细菌每一次分裂繁殖，都会把 DNA 分子忠实地复制一份。人们只需要时不时加一点便宜的营养液，细菌就能替我们在几小时内实现信息的指数级复制。

---

2 Seth L. Shipman, et al. "CRISPR–Cas encoding of a digital movie into the genomes of a population of living bacteria," *Nature*, 2017.

那镜像 DNA 又是从何说起呢？

这又是另一个特别科幻的话题了。地球生物体内部有许多重要的生物大分子，比如 DNA、RNA、蛋白质，等等。这些生物大分子的组成单元，比如组成 DNA 的脱氧核糖核苷酸、组成 RNA 的核糖核苷酸、组成蛋白质的氨基酸，都是有不对称三维结构的。就拿氨基酸分子来说，它的基本结构可以看成一个不对称四面体，中心是一个碳原子，上面连着四个化学基团，分别是一个氨基、一个羧基、一个氢原子和一个功能基团。

这就意味着在三维世界里它们理论上应该存在一个化学构成完全一致，但是三维结构正好是镜像对称的"镜像"分子。这句话听起来有点绕，我打个比方来说明一下。这就像你的两只手，左手右手从大小、形态、组成结构，甚至是肤色、皮肤质地、掌纹指纹都是高度相似的。但两只手的轮廓无法重合，但如果你把两只手手掌相对在一起，那么左右手恰好像在彼此照镜子一样。生物大分子也是一样的，有左手 DNA 就有右手 DNA，有左手蛋白质就有右手蛋白质。

很有意思的是，目前我们所知的所有地球生物都有非常严格而且专一的手性选择，比如它们都选择而且只选择了右手 DNA 和左手蛋白质来构造生命活动。细胞内部所有的配套设施，比如 DNA 复制、RNA 转录、蛋白质翻译，以及这些生物大分子之间的彼此识别，统统都是以此为基础。但既然生物大分子都是镜像对称的，那按理说生命活动选择当左撇子还是右撇子在物理学和化学的层面上，是没有任何区别的。换句话说，镜像世界里的生物——比如使用左手 DNA 和右手蛋白质的生物——理论上是完全可以存在的。现今所有地球生物的手性选择，可能只是进化开端的一次偶然。

那既然如此，就有很多人幻想是不是能在实验室里人工制造一个镜像生物——至少是一个镜像细胞出来。从原理上这肯定能做到，但在技术上却难比登天。因为这种想象中的镜像生物体内所有生物大分子都和地球生物不同，无法用现成的生物材料，只能实验室人工制造。也就是说要制造一个镜像生物，得人工把这个生物所需的所有生物大分子都合成和组装起来才可以。这个任务至少在目前还是科幻级别的。

但朝这个方向，已经有不少激动人心的进展在发生。比如在 2016 年，清华大学的朱听实验室就首先在实验室里走出了镜像生物世界的一小步。他们人工合成了一个由 174 个右手氨基酸组成的镜像蛋白质，一个小型的 DNA 聚合酶。然后他们又用这个镜像世界里的 DNA 聚合酶，组装生产了一小段（几个碱基组成的）镜像世界里的左手 DNA 分子。换句话说，他们初步证明了镜像生命的一个重要的功能——DNA 复制——是可以实现的。[3]

在刚刚发表的这项研究里，朱听实验室进一步把镜像世界的 DNA 复制过程推进到了实用的水平。他们这一次

---

3 Zimou Wang, et al. "A synthetic molecular system capable of mirror-image genetic replication and transcription," *Nature Chemistry*, 2016.

首先人工合成了一个由 775 个氨基酸组成的大号右手蛋白质——也是目前人类合成的最大的镜像蛋白质——Pfu DNA 聚合酶。这个新的镜像 DNA 聚合酶比 2016 年那个版本复制能力和准确度都有本质的提升，能够用来准确地复制上千个碱基组成的镜像 DNA 分子。考虑到地球生物体内的大部分基因也就是这个长度，也就是说它们这套新的镜像 DNA 合成系统已经足够未来的镜像生物使用了。

那这套镜像系统是不是也能用来存储信息呢？当然可以。研究者们干脆把法国生物学家路易斯·巴斯德在 1860 年的一段学术论文（也是第一篇提及镜像生物学的论文）写入了镜像 DNA 分子当中。原理大致和我们上面提到的用 DNA 存储信息的方法类似，这里就不再展开了。

当然你肯定会问，既然天然存在的右手 DNA 就能存信息，为啥要这么麻烦地使用左手镜像 DNA 呢？

研究者们给出了两个非常有意思的理由。第一个理由是信息存储的稳定性。地球生物都能制造切割天然右手 DNA 分子的酶，如果 DNA 分子在存储环境里遭遇了这些酶，就会被逐渐切割破坏。而左手镜像 DNA 是一种地球生物前所未见的新东西，根本就不会被地球生物识别和破坏，因此稳定性能大大提高。研究者们还做了一个对比，把人工合成的两段左手和右手 DNA 分别放到采集的环境水样本里，天然右手 DNA 分子一天之后就检测不到了，而镜像左手 DNA 分子在一年后还能稳定存在。

第二个理由就更有意思：镜像左手 DNA 分子还能用来给信息加密。研究者们设计了一个很有趣的系统，它们把巴斯德的那段学术论文用天然右手 DNA 编码存储，等于是明码信息。同时他们把破解信息的密钥——就是一串数字，告诉对方到底这段文字里的哪些位置上的字母应该挑出来读——存在一小段镜像左手 DNA 里，然后把这些DNA 混在一起。我们不妨假设这管 DNA 在非常时期就被当成鸡毛信秘密传递出去了，万一被敌人截获，就算敌人知道信息写在 DNA 序列上，那他们也只能给天然右手DNA 测序，结果发现原来是一段平平无奇的学术论文。只有我方才知道信息密钥其实是写在镜像左手 DNA 上的，通过特殊的测序方法读取密钥[4]，就能解读出被加密的信息。

当然了，在我看来这项研究更重要的价值还是在基础生物学领域内。研究者们第一次建立了一套有实用性的镜像 DNA 复制系统，能够实现大多数镜像基因的准确复制。这套系统就为我们重建整个镜像生物世界打开了大门。也许在不久的将来，我们就可以在试管里实现镜像生物世界里的中心法则：镜像 DNA 分子编码基因，指导镜像 RNA分子的转录、镜像蛋白质的生产，甚至逐步逼近镜像细胞的制造。这个研究方向的理论意义和应用价值，我觉得会有无穷的想象空间。

---

4 Xianyu Liu, et al. "Sequencing Mirror-Image DNA Chemically," *Cell Chemical Biology*, 2018.

8　新型RNA投送系统

"RNA投送系统"听起来可能很不好理解，但实际上在过去这1～2年里我们没少在新闻上看到它。有好几种新冠疫苗的开发都离不开它。

这里简单地做个回顾。国内大多数人注射的新冠疫苗——比如来自科兴、国药以及康泰的疫苗——都是灭活疫苗。这类疫苗的开发生产比较简单，就是在工厂里大量培育活的新冠病毒颗粒，然后用特殊的化学物质（比如 β- 丙内酯）加以处理消灭病毒的生物学活性之后，把这些已经没有繁殖和致病能力的病毒尸体注射到人体中，激发针对新冠病毒的免疫反应和免疫记忆。

除了这条路线之外，还有一个广泛使用的思路，是把一段编码新冠病毒表面刺突蛋白的DNA或者RNA分子送入人体细胞，让人体自己生产出新冠刺突蛋白，这个蛋白在人体内可以直接诱发针对此蛋白的免疫记忆。这样当真正的新冠病毒入侵之后，人体免疫系统可以快速识别其表面最显著的特征，也就是那个刺突蛋白，并加以消灭。目前在欧美各国广泛使用的、由德国BioNTech公司和美国辉瑞公司联合开发的RNA疫苗，美国Moderna公司开发的RNA疫苗，都是这个原理。国内康希诺公司，还有英国的阿斯利康公司，美国的强生公司分别开发上市的腺病毒载体疫苗，也是类似的逻辑。[1]

这两类疫苗的区别在于，用什么方法把编码刺突蛋白的核酸分子送入人体细胞。两种 RNA 疫苗是直接把编码刺突蛋白的 RNA 分子送入人体。但 RNA 分子很不稳定，而且还容易引起人体免疫系统的过度反应，因此这两家公司除了对 RNA 分子进行了化学修饰以降低毒性，还用了一个脂质纳米颗粒把 RNA 分子包裹起来，投送到人体中。这些纳米颗粒进入人体之后能够和人体细胞膜融合，将内部的 RNA 分子释放进入细胞，在那里指导新冠刺突蛋白的生产。

而几种腺病毒载体疫苗的投送方法有所不同，研究者们使用了某种天然存在的、能够感染人体细胞的病毒，把编码刺突蛋白的 DNA 片段放进病毒当中。这样一来，注射疫苗后，这些腺病毒可以感染人体细胞，将病毒内部包裹的 DNA 输送到人体细胞中，在那里，编码刺突蛋白的 DNA 片段就可以开始工作了。

两套投送系统理论上都有很好的工作效率，新冠 RNA 疫苗和腺病毒载体疫苗也都已经在不少国家广泛使用[2]了。但这两套系统也都有自己的问题。

对人体来说，纳米颗粒投送系统本身就是个外来的入侵者，会引发比较严重的免疫反应。这可能也是 RNA 疫苗

1 Krammer, F, et al. "SARS-CoV-2 vaccines in development," *Nature*, 2020.

2 https://www.nytimes.com/interactive/2020/science/coronavirus-vaccine-tracker.html

整体不良反应比例比较高的原因之一[3]。而且脂质纳米颗粒的开发生产本身也不容易，纳米颗粒的化学构成、批量生产、质量控制都是门槛很高的工作[4]。相比之下腺病毒作为天然存在的投送系统，开发使用难度不大，但它也有自己的麻烦：人类社会中很大比例的人或早或晚都已经被腺病毒感染过——这类病毒是引发人类感冒和其他呼吸道传染病的常见病毒。这样一来很多人已经带有对这类病毒的"预存免疫"。再注射腺病毒载体疫苗的话，可能还没等投送系统把编码刺突蛋白的 DNA 送入人体细胞，这些载体就已经被人体免疫系统第一时间消灭了，这当然会影响这类疫苗的实际效果以及不良反应比例。

接下来要介绍的这项研究，就提出了一种全新的 RNA 投送系统。在未来，这套系统也许能用来开发新一代的新冠疫苗，以及更多种全新的病毒疫苗。这篇论文在 2021 年 8 月 20 日发表于《科学》杂志，研究者们来自美国布罗德研究所张锋实验室[5]。

这项研究的起点就很有意思。科学家们早就知道人类基因组上有很多所谓的逆转录元件，总长度占到了人类基因组 DNA 总长度的 8%。这类 DNA 序列可以看成是真正意义上的"自私的基因"，它们绝大多数对于人类来说都没

3　Sonia Ndeupen, et al. "The mRNA-LNP platform's lipid nanoparticle component used in preclinical vaccine studies is highly inflammatory," *BioRxiv*, 2021.

4　Y. Guan, Derek Lowe. "RNA Vaccines And Their Lipids," *Science*, 2020.

5　Michael Segel, et al. "Mammalian retrovirus-like protein PEG10 packages its own mRNA and can be pseudotyped for mRNA delivery," *Science*, 2021.

有什么生物学功能，少部分还会带来疾病。在人类繁殖过程中，这类逆转录元件还会借机实现自己的疯狂复制和繁殖。它们会首先转录生产一段 RNA，然后再通过一个逆转录过程把这段 RNA 重新变成 DNA 并同时插入人类基因组的某个位置，从而实现自己拷贝数量的增加。

在极少数情况下，这些逆转录元件不光能够在同一个细胞内实现自身的复制繁殖，还能实现细胞之间的"穿越"，在更多细胞中实现扩增。一个经典的例子就是神经细胞中的 Arc 基因。Arc 也是一个逆转录元件，它除了能在细胞内部通过逆转录方式复制繁殖，还能自己制造一个蛋白质外壳，内部包裹一些 Arc RNA 分子，形成一个类似病毒颗粒的结构。这些类似病毒的颗粒能够离开它诞生的细胞，进入邻近细胞，在那里释放出内部的 Arc RNA 重新开始新一轮的逆转录和繁殖复制。人们还发现，这个过程对于哺乳动物的神经系统来说还起到了重要的调节作用[6]。

结合咱们刚刚讨论的现有新冠疫苗的技术路线，你应该很容易想到，Arc 这套系统其实是一个天然的 RNA 投送系统。你看，同一段 Arc 基因，一方面能生产 Arc 蛋白质分子，组装出类似病毒的微型颗粒；另一方面能生产 Arc RNA，被装入类病毒颗粒内部保护起来。然后这种颗粒还能离开细胞入侵新的细胞，并在那里释放出内部的 RNA。那如果这套系统能进一步优化提高投送效率，同时让它能

---

6 Elissa D. Pastuzyn et al. "The Neuronal Gene Arc Encodes a Repurposed Retrotransposon Gag Protein that Mediates Intercellular RNA Transfer," *Cell*, 2018.

够自由投送各式各样的 RNA 分子，那这套投送系统是可以有很广阔的应用空间的。包括用来做疫苗，这个我们后面再展开。

研究者们于是在小鼠和人类基因组里做 DNA 序列分析，试图寻找更多类似 Arc 的逆转录元件。他们很快把焦点锁定在一个叫 Peg10 的逆转录元件上。这个 Peg10 和 Arc 的基因序列有相似性，也能形成类似病毒的微型颗粒，产量还要远远高于 Arc。而且和 Arc 一样，也能在内部包裹自己的 RNA（Peg10 RNA）。

在这个基础上，研究者们做了两个重要的技术改进。首先，他们想看看这套系统能不能投送除了自己 RNA 之外的其他任意一段 RNA。结果证明是可以的，关键在于想要投送的 RNA 序列两端，要连上一段特殊的不编码蛋白质的核酸序列。你可以把这段多加上去的核酸序列看成是 Peg10 微型颗粒的"船票"，只有看到这段序列它才会把 RNA 分子结合并包裹起来。其次，研究者们还引入了除蛋白外壳和内部 RNA 分子之外的第三个元件，水疱性口炎病毒的包膜蛋白 VSVG，它能够促进细胞膜融合，帮助类病毒颗粒进入新细胞。

刚刚我的描述有点太细节了，可能不太好理解，我们再通过结果来反推一下。

在这三个元件同时工作的时候，细胞会生产出一批非常类似病毒的微型颗粒。这些微型颗粒可以分成三层，最内部是一段 RNA 分子，它可以是人们想要投送的任何一段 RNA，只需要在它序列两端加上一段特殊的"船票"序列就可以。中间是由 Peg10 蛋白质分子组成的蛋白质壳，紧紧包裹和保护了内部的 RNA。最外部是一层脂质膜，膜上镶嵌着包膜蛋白 VSVg，这个蛋白质分子帮助这些微型颗粒识别、结合和入侵更多的人体细胞。特别值得注意的是，研究者们还发现来自病毒的 VSVg 能被替换成一个人体细胞本来就生产的蛋白质 SYNA，进一步降低这些微型颗粒引起人体免疫反应的概率。新细胞入侵完成后，微型颗粒内部的 RNA 分子被释放出来，在这些细胞内部开始新的生命活动。

这套由三个元件构成的 RNA 投送系统，就被研究者们恰如其分地命名为"SEND"，就是投送的意思。研究者们用了不少方法证明这套系统的通用性和效率，他们证明这套系统能够随心所欲地装入想要投送的 RNA 分子，高效率地进入大量细胞内部，然后在细胞内部启动新蛋白质的生产。我们可以想象，这套系统的应用空间是非常广阔的。刚刚我们讨论的疫苗开发当然是一个方向，SEND 系统能够起到类似 RNA 疫苗的脂质纳米颗粒，以及腺病毒载体疫苗的腺病毒载体的作用，将一段 RNA——比如新冠病毒的刺突蛋白基因——送入人体细胞，激发免疫反应。相比后两种现有的系统，SEND 系统的一大优势是它的外层和中层都是由人体原有的蛋白质构成的，因此引起人体过激免疫反应的可能性就大大降低了，相应地可能也会降低疫苗不良反应出现的概率。

除此之外，这套系统应该也能用来开发基因治疗和基因编辑药物。

传统上，在基因治疗的临床探索中，不管是想要投送一段基因序列进入人体细胞，还是投送一套编辑基因的工具进入人体细胞，脂质纳米颗粒或者病毒仍然是最常用的两类投送工具。比如在 2021 年 7 月，易泰利（Intellia）公司开发的基因编辑药物 NTLA-2001 公布了初步临床数据，它通过脂质纳米颗粒将一套基因编辑工具投送到肝脏细胞中，破坏其中一个名叫 TTR 的基因，治疗一种名叫"转甲状腺素蛋白淀粉样变性"/ATTR 的罕见遗传疾病[7]。另一家基因治疗领域的先驱公司——埃迪塔（Editas）公司开发的一款治疗先天性黑蒙/LCA 的基因编辑药物，是通过一个病毒载体把基因编辑工具投送到人的眼睛深处，改变视网膜细胞中的某个特定基因。这款药物也在 2020 年初开始进入人体试验[8]。这套新出现的 SEND 系统，应该也能在基因治疗领域有自己的用武之地。

---

7 https://ir.intelliatx.com/news-releases/news-release-details/intellia-and-regeneron-announce-landmark-clinical-data-showing

8 "First CRISPR therapy dosed," *Nat Biotechnol*, 2020.

9 用二氧化碳合成淀粉

2020 年 9 月，有一项研究肯定是刷爆了大家的朋友圈，简单来说就是"空气变馒头"的技术。在 2021 年 9 月 24 日，来自中国科学院天津工业生物研究所的科学家在《科学》杂志发表论文，实现了在实验室条件下从二氧化碳到淀粉的人工合成途径[1]。用二氧化碳生产淀粉，既能帮助实现碳中和，也能帮助解决粮食生产问题，这项研究当然会引起人们热烈的关注和讨论。

我得先花点时间帮你理理这项研究的内容。我的看法是，这确实是一项非常漂亮的研究，但外行的关心和夸奖，我觉得是彻底搞错了重点。

我们知道，把空气中的二氧化碳变成淀粉，这是绿色植物已经做了几亿年的工作，它还有个如雷贯耳的大名——光合作用。光合作用的过程非常复杂，咱们在这里没法详细展开，但如果追踪碳原子的流向，它主要可以分成三个阶段：用含有一个碳原子的分子，也就是二氧化碳，生产出含有三个碳原子的分子，比如 3-磷酸甘油醛。然后再用

---

1 Tao Cai, et al. "Cell-free chemoenzymatic starch synthesis from carbon dioxide," *Science*, 2021.

这些分子去合成制造含有 6 个碳原子的葡萄糖。最后再用葡萄糖分子生产含有大量碳原子的淀粉。

简单来说，光合作用就是三个步骤：碳 1 到碳 3；碳 3 到碳 6；碳 6 到碳无穷。

第一步从碳 1 到碳 3 可能是最难跨越的，也是光合作用当中最复杂的环节。因为这一步需要消耗巨大的能量。植物依靠叶绿体吸收太阳光的能量，用这个能量制造高能化学物质（比如 ATP 和 NADPH），从而实现光能到化学能的转换。之后，再用这些高能化学物质捕获空气中很低浓度的二氧化碳，把它转换成碳 3 物质。到了后面这两个步骤，碳 3 到碳 6，碳 6 到碳无穷，是大家比较熟悉的生物化学反应，在常温下就可以进行。在几种酶的催化下，利用 ATP 分子提供的能量，就可以持续进行。整体而言，尽管已经经历了亿万年的进化打磨，整个光能到化学能转换的效率也并不高，大约也就是 5%。

有了这个背景铺垫，我们才好介绍这项新研究的具体内容。

研究者们想实现的也是碳 1 到碳 3，碳 3 到碳 6，碳 6 到碳无穷的合成步骤。但我们已经说了，第一步如果从二氧化碳出发难度太大，因此研究者们首先选用了一个比较现实的路径。他们希望从高能物质甲醇出发，这也是含有一个碳原子的化学物质，实现淀粉的合成。相当于先把光合作用门槛最高的环节给规避过去。

但即便如此，这个合成路线也是很困难的。分别独立来看的话，碳 1 到碳 3，碳 3 到碳 6，碳 6 到碳无穷，科学

　　　　　　　　　　　　　现代中国人从哪里来

家们已经积累了大量的研究素材，数据库里就能找到不少现成的路线可以直接用。但问题是这些反应之间并不总是能够融洽地相互配合的。举个具体例子，比如甲醇在甲醇脱氢酶的作用下能够变成甲醛，而甲醛在几个酶的催化下可以变成刚刚我们提到的碳 3 物质，即 3-磷酸甘油醛。但问题是这两个反应如果放到一起就会互相干扰，不能顺利地从碳 1 得到碳 3。一个可能的解释是前者的效率远低于后者，以至于整个化学反应无法持续进行。

因此研究者们花费了大量的精力，先选出了大量的候选化学反应模块，用它们在三个合成步骤之间反复拼搭，最终才凑出了一个效率令人满意的合成路线，整条路线一共由 10 步酶催化的化学反应构成。在这之后，研究者们又继续在此路线上优化。它们找到了这条路线的限速步骤，也就是反应最慢、拖慢了整体合成效率的几个环节，然后人工改造了负责这些环节的三个酶分子，最终将整体淀粉合成效率又提高了 7.6 倍。单单考虑淀粉的生成速度的话，这个人工反应体系的效率已经和植物合成淀粉类似了。

这当然已经是巨大的技术进步。它证明了科学家们通过人工组装和修改反应路线图，能够在非生物条件下实现重要生物大分子的合成。

但事情还没完。我们刚刚也提到，光合作用里门槛最高、最复杂、耗能也最多的步骤其实是捕获和固定空气中浓度很低的二氧化碳，把这种气态分子里的碳原子截留下来，用来合成碳 3 物质。而研究者们的合成路线起点是甲醇，等于是先战略性地绕过了最难的步骤。

那有没有办法把这一步补上呢？必须得说，人类已经做过很多尝试，但至今还没有哪个办法能够接近生物体利用光能捕获二氧化碳的水平。其中一个相对接近的思路是这样的：用太阳能发电，用电分解水产生氢气和氧气，然后把氢气和二氧化碳在高温高压下（还需要氧化锌-氧化锆催化剂）混合，生产甲醇。整个步骤虽然看起来不像光合作用，但实现的目标是类似的：就是把太阳能转换成化学能，储存在甲醇内部。甲醇日后可以直接燃烧供能，也可以作为化工原料。这个方法是 2017 年中国科学院大连化学物理所的科学家们开发的[2]，也被他们形象地叫作"液态阳光"，因为太阳能被储存到了液态的甲醇内部。

在我们介绍的这项工作中，研究者们就把两项研究拼接组合到了一起。用液态阳光技术生产甲醇，模拟了光合作用最难的第 1 步的一半；然后再用他们自己设计优化的合成路线，用甲醇制造淀粉，模拟了光合作用剩下的 2.5 步。这就是新闻标题"用空气做馒头"的来历。

但是在我看来，这项研究最核心的价值，是研究者们证明了人类可以在实验室里人工筛选、组装、设计和优化各种复杂的生物化学反应。它既可以用来在实验室里模拟生物内部本来就有的某种能力，比如合成淀粉；又可以用来优化这种能力，比如根据实验室结果改造植物，更有效率地合成淀粉；甚至是创造生物体根本不具备的能力——

---

2 Jijie Wang, et al. "A highly selective and stable ZnO-ZrO$_2$ solid solution catalyst for CO$_2$ hydrogenation to methanol," *Science*, 2017.

8   现代中国人从哪里来

开个脑洞的话，让植物生产塑料和橡胶也不是不行。因此，即便不考虑淀粉这个特别吸引眼球的因素，这项研究的价值仍然是很大的。

但说到"用空气做馒头"，那这个可能就不是这项研究本身能解决的问题，甚至可能都不是一个特别有价值的方向。首先，空气中的二氧化碳浓度极低，人工的收集压缩本身就需要耗费大量的能量，要是单纯用来降低大气温室气体，或者用来制造价值更高的化学品，比如储能物质甲醇，也许是合适的，如果用来生产本就成本低廉的淀粉，实在是有点南辕北辙。即便未来人类移民火星，那里的大气层几乎全部是二氧化碳，那大量合成甲醇以后，也完全可以用甲醇直接培养酵母等微生物，直接拿微生物当食物。到那个时候人类估计也不会还天天啃面包、馒头了。

还有就是，如果未来真有一天我们需要创造不依赖植物的粮食生产途径，那更合适的手段可能也是把经过实验室验证和优化的合成路线重新放到微生物体内，让微生物帮助我们完成复杂物质的合成制造，效率可能还会进一步提高。类似的一个例子就是人类用细菌——而不是纯化学合成的方法——帮助我们生产胰岛素。毕竟，我们可以把细菌直接改造成一个酶工厂，总比要把每种酶单独提纯再组合起来效率更高。

10 长寿的遗传学

　　与寿命有关的话题，相信肯定也是大家非常关注的生命科学话题。

　　你可能知道，在 20 世纪之前的数千年时间里，人类的平均寿命大致保持在 20~30 岁的低水平。但进入 20 世纪之后，这短短 100 来年时间，人类的平均寿命有了极其显著的提升，从二三十岁提高到了超过 70 岁，在日本和欧洲一些发达国家，平均寿命更是已经超过了 80 岁。有不少学者预测，21 世纪出生在经济发达地区的孩子，平均寿命甚至可以达到 100 岁。

　　请注意，20 世纪里人类人均寿命的增长显然不是基因变异的结果，这么短时间也不足以让人类发生基因层面的显著变化。这种提升主要是城乡基础设施的完善、公共卫生系统的建立、疫苗和抗生素的广泛使用所带来的。对于很多人来说，能在有基本消毒设施的医院里出生，从小接种预防婴幼儿时期烈性感染病的疫苗，能吃上安全的食物，喝上消毒过的水，不小心有了外伤可以用抗生素杀菌，就足以保证他顺利活到 50 岁以上。再往上走，一个人的生活习惯、生活环境、医疗水平甚至是教育和财富水平，都会对寿命产生影响。

在这些基本影响要素之外，作为生物学家，我当然也很关心基因差异是否对寿命产生了影响，以及是否能利用这些影响预测和干预寿命。

更具体点说，这个问题有两个层次的问法，也有相应的不同回答。

第一个层次是问在人群当中，基因差异在多大程度上影响甚至是决定了一个人的寿命。要想回答这个问题，最直接的方法是人类遗传学里的所谓"双生子研究"。我们知道同卵双胞胎共享几乎 100% 的遗传物质；而异卵双胞胎则和亲兄弟姐妹一样，只共享 50% 的遗传物质；当然，这还是远大于街上随机选两个同龄人之间的基因相似程度。

根据这个遗传物质相似性的规律，人们就可以通过分析同卵双胞胎、异卵双胞胎、路人之间寿命的差异，推算寿命这件事在多大程度上和基因差异有关。不同研究的结论看起来也是一致的：基因差异贡献了大约 1/4 的寿命差异，其他 3/4 则是环境因素影响的[1]。在 2020 年，研究者们还通过上百万人的基因序列分析，找到了几十个影响寿命的基因差异位点；当然，每个位点对寿命的影响都是非常微弱的[2]。

要这么看的话，实际上我们很难利用这些人和人之间的基因差异去延长寿命：操纵单个基因影响有限，操纵一

1　Kaare Christensen, et al. "The quest for genetic determinants of human longevity: challenges and insights, " *Nat Rev Genet*, 2009.

2　Paul R. H. J. Timmers, et al. "Multivariate genomic scan implicates novel loci and haem metabolism in human ageing, " *Nat Commun*, 2020.

堆基因风险太大，而且说到底也就影响了 25% 的寿命差异。请注意，这 25% 可不是说人的寿命 25% 是基因决定的，它指的是一个人的寿命和平均寿命的差异，其中有 25% 是基因决定的。比如一个地方平均寿命 80 岁，一个人活到 90 岁才去世，那他多出的这 10 年寿命里，有 2.5 年和基因差异有关，这个作用还是比较微弱的。

但如果我们换一个层次来理解这个问题，那答案可能又不一样了。

我们会看到，地球生物物种之间的寿命差异是极其显著的。有的只能活几天，比如蜉蝣的成虫最多活 1 ~ 2 天，它唯一的使命就是在死亡之前完成繁殖过程，所以连进食的口器都消失了；有的则能活几千上万年，比如美国犹他州的一片北美颤杨林，据说已经活了八万年。这两者寿命的差异跨越了七八个数量级。甚至死亡也并非完全不可避免。人们已经发现，有极少数的生物，比如水螅和某些水母，可能是具备永生能力的。它们会通过持续的自我更新，替换掉衰老的组织，定期重设生命的时钟。

如此巨大的寿命差异已经不可能用环境因素来充分解释了。毕竟你再耐心地饲养蜉蝣，它也活不到几个月，更别说几万年了。它背后一定有严格运转的遗传学机器在操控。所以针对前面提到的寿命的问题，我们也可以这么看：虽然人类内部个体间的遗传差异对寿命贡献不大，但物种之间的寿命差异，肯定存在一些基因层面的影响因素，而且影响还可以非常剧烈。

但真的想要研究这些差异并加以利用也是很困难的。

比如蜉蝣和北美颤杨，真要比较它们的基因差异，一定会彻底迷路，它们一个是动物一个是植物，进化历史和生活方式完全不同，存在广泛的基因差异是肯定的，你怎么知道哪些差异和寿命有关系呢？

但在 2021 年 11 月 11 日，《科学》杂志上发表的一篇论文，给这个问题提供了一个非常独特的解题思路[3]。

研究者们关注的是一类生活在太平洋里的岩鱼物种。岩鱼属于辐鳍鱼纲鲈形目平鲉科平鲉属，已知超过 120 个物种，广泛分布在整个太平洋的沿岸地区。尽管都在同一个属里，但这类物种的寿命存在极其显著的差别，最短的 11 年，最长的超过 200 年。这样一来，岩鱼家族就提供了一个非常难得的机会，让科学家们可以分析这些寿命迥异的"亲戚"之间的基因差异，找到可能明显影响寿命的位点。

研究者们测定了 88 个物种 102 条鱼的基因组序列，并利用这些信息进行了各种角度的分析，试图找出哪些基因差异导致了或者至少是影响了鱼寿命的决定。首先根据基因序列分析，这些鱼的共同祖先可以追溯到至今 1500 万年前后，在进化意义上已经是很近的亲戚了，基因相似程度也很高（作为类比，人类和大猩猩的进化距离也差不多有 1000 万年）。而在 1500 万年的分化过程中，寿命超过 100 岁的长寿鱼物种在各个进化分支都出现过。

研究者们首先发现了几大类基因可能与寿命的长短有

---

3 SREE ROHIT RAJ KOLORA, et al. "Origins and evolution of extreme life span in Pacific Ocean rockfishes," *Science*, 2021.

关。首先，在 5 个长寿鱼物种中，有多达 16 个和 DNA 准确复制有关的基因经历了进化史上的正向选择，包括参与 DNA 复制、染色体端粒的维护、DNA 碱基错误的修复等过程的基因，有不少基因还在不同的长寿鱼中被多次选择。这就是说，在寿命延长的进化过程中，这些确保 DNA 复制过程不出错的基因，也在被持续地选择和固定下来。这个发现本身就很有说服力，因为我们已经知道，在细胞分裂和基因复制过程中，DNA 序列会不可避免地出现一些错误。动物寿命越长，细胞分裂次数越多、出现错误的概率就越大，这种错误的累积被认为是衰老和死亡的重要原因之一。那反过来说，想要长寿，当然需要在确保 DNA 准确复制方面投入更多的资源。

除此之外，研究者们还发现了另外两类基因也可能直接影响了岩鱼物种的寿命：一类是参与机体代谢调节的基因，特别是大部分和胰岛素信号相关的基因，这类基因在长寿鱼类中表现出了更稳定的序列特征；另一类则是参与机体免疫反应的基因，这些基因在长寿鱼类中表现出了更多的基因拷贝数量。之前在不同动物和人类的研究中，人们也发现过于旺盛的代谢活动和免疫反应往往伴随着加速衰老，相反，长寿个体和长寿物种中，这两类活动往往处于深度抑制的水平[4]。

除了这些基因差异的直接影响，这项研究的另一个更

---

4 Calogero Caruso, et al. "Aging, longevity, inflammation, and cancer, " *Ann. N. Y. Acad. Sci.* 2004.

有启发性的发现是，寿命长短在很大程度上是基因差异和生活环境彼此相互影响的结果。就拿这些岩鱼来说，研究者们意识到，寿命的长短差别，在很大程度上能用鱼身体大小和生活的海水深度很准确地预测——这两个因素对寿命的影响大约占到了六成。当然我们也可以想象，身体大小和生活的海水深度，主要是鱼体内的基因决定的。因此我们也许可以这么总结：不同岩鱼物种的基因差异，一方面直接通过增强 DNA 修复能力、减弱代谢和免疫活性，直接提高了寿命；另一方面则影响了鱼类的生长速度和生活的海水深度，从而间接地影响了寿命。

而这两方面的影响很可能是高度相关的。长寿物种往往生活在更深的海底；而短寿物种则往往生活在浅海。相对而言，前者的生活环境更加安全，生存竞争并不激烈，而后者生活的环境中有更多的竞争者、捕食者和病原微生物。可以想象，在前面这种更安全、竞争更少的环境中，体型庞大、发育缓慢、长寿的鱼类就有更大的生存优势，因为它们一旦发育成熟，有几十上百年的时间可以从容地繁殖大量的后代；而在后面这种危机四伏、竞争激烈的环境中，慢慢长大无异于坐等风险从天而降，赶紧发育成熟和繁殖后代可能才是更好的选择。[5]

这样一来，在漫长的进化史上，不同岩鱼物种其实是在适应和选择不同生活环境的时候，同步筛选了体内的基

5 J. YUYANG LU, et al. "Development of an inactivated vaccine candidate for SARS-CoV-2," *Science*, 2021.

因特征，也从此走向了不同的生存策略选择。相比浅海的同类，那些走向深海环境的鱼，代代挑选出的就是那些导向更大的体型、缓慢的发育速度、强大的 DNA 修复能力、深度抑制的代谢和免疫机能的基因特征，同时也正是这些特征让这些鱼类能够活得更长。

那这项研究对我们人类有没有什么启发呢？我觉得一个直接的启发就是，在不直接改变人类基因的条件下，也许干预代谢和免疫机能会是一个更现实的延寿方法。也确实有几种代谢和免疫调节药物，比如二甲双胍和雷帕霉素，被推测可能能够延长人类寿命[6]。

除此之外，我觉得这项研究一个特别有意思的地方在于，它敏锐地抓住了太平洋岩鱼这么一群进化关系很近、基因序列相似、但寿命差异很大的物种，利用它们作为切入点探究寿命的决定机制。我们知道地球上所有物种在大约 40 亿年前都来自共同的祖先，只是在此后的漫长岁月中或早或晚地分开而已。这段进化史固然已经随风而逝，但如果今天的我们善加利用，就有可能让这段历史告诉我们环境条件、生活习惯和基因差异是如何塑造五花八门的生物学特性，从而帮助我们找到预测和操纵这些生物学特征的抓手。

---

6 Linda Partridge, et al. "The quest to slow ageing through drug discovery," *Nature Reviews Drug Discovery*, 2020.

11 细菌死亡的防御作用

　　我们知道地球生命的基本单元是细胞。像人这样的多细胞生物，每个个体都由数十万亿个细胞构建而来。而极端点说，我们身体中这些细胞的使命就是竭尽全力保证我们的出生、成长、找到另一半、繁殖后代。为了实现这个伟大的目标，这些细胞的生命本身都是随时可以牺牲和替代的。而且确实在很多场合，身体细胞要靠主动开启死亡程序，来帮助人体完成生存繁殖的任务。

　　细胞程序性死亡的方式很多，其中被研究得相对清楚的有这么三种，分别叫作细胞凋亡（apoptosis）、细胞坏死性凋亡（apoptosis）和细胞焦亡（pyroptosis）[1]。

　　在这里我不打算展开太多技术细节，我们只需要知道细胞有不同的死法，而且各有各的使用场景就行了。比如，人体胚胎发育过程中手指之间的细胞会逐渐主动死亡，否则咱们手指头之间就会长蹼了；出现了严重 DNA 序列错误的细胞也会主动开启死亡程序，防止这些 DNA 错误导致细胞癌变而危及生命。在这些过程中，细胞凋亡起到了

1　Damien Bertheloot, et al. " Necroptosis, pyroptosis and apoptosis: an intricate game of cell death, " *Cell Mol Immunol*, 2021.

主要作用，这是一种相对比较"干净"和"安静"的死亡方式，细胞的内容物被细胞膜分割包裹成一个个小球，随后被人体其他细胞吸收。

相比之下，坏死性凋亡和焦亡过程就显得更加"脏"和"暴烈"。在这两种死亡程序启动后，细胞膜上会出现巨型的穿孔，细胞内容物导出泄漏和流淌，往往会引起周围组织发炎。也因为这样，这两种死亡方式主要的应用场景是对抗病原体感染[2]。

在这个过程中，人们一般认为焦亡起到了更关键的作用。人体免疫系统的很多细胞，比如单核细胞、巨噬细胞、树突状细胞等，在正常状态下可以直接识别和杀伤病原微生物。但如果它们自己也被病原微生物感染且无力清除时，可能会选择这类暴烈的死亡方式，在和病原体同归于尽的同时，也向周围环境释放了明确的危险信号，吸引免疫系统的火力，帮助机体更好地清除病原体威胁。

在细胞内部，焦亡的启动和一类名叫 gasdermin 的蛋白质密切相关。人体中已知有 6 个不同的 gasdermin 蛋白。这些蛋白的基本结构很类似，都是由功能性的 N 端和抑制性的 C 端两部分连接而成，中间还有一个切割位点。因为抑制性的 C 端的存在，长度完整的 gasdermin 蛋白无法发挥功能。但如果细胞被病原体入侵，细胞内的蛋白酶就会把 gasdermin 蛋白从中间一道剪开，被释放出来的 N 端蛋

---

2 Daniel Frank, et al. "Pyroptosis versus necroptosis: similarities, differences, and crosstalk," *Cell Death Differ*, 2019.

白就会自己组装起来形成一个好几十纳米直径的空心管道，插入细胞膜，彻底把细胞内外连通起来。这时候，因为渗透压的作用，细胞外的水分会涌进细胞内部，把细胞膜持续撑大，直到整个细胞像被吹爆的气球一样爆炸，将细胞内的所有物质随机地喷射到周围环境中。

这条防御机制在过去 10~20 年间被深入地研究，人们也发现细胞焦亡除了能够防御病原体入侵，也在很多疾病中能找到踪迹。比如很多自身免疫疾病、神经退行性疾病、慢性炎症，都和焦亡过程的异常启动有关。[3]

说到这，你应该大概能理解细胞焦亡的过程和作用。但我们真正要谈的，还不是这个。

从上面的描述里你应该能看出来，细胞焦亡应该是多细胞生物才有的功能。因为只有多细胞生物才存在牺牲一部分身体细胞来清除病原体入侵，从而保障机体生存繁殖的可能性。对于细菌这样的单细胞生物来说，生命大部分时间都是独来独往，生存和繁殖也不需要什么同类的帮助。既然如此，自杀好像就是毫无意义的举动吧？

但就在 2022 年 1 月 14 日，一篇发表在《科学》杂志的论文称，细菌也能启动焦亡程序，而且其方式和目的，居然和哺乳动物细胞的焦亡非常类似[4]。

这群来自哈佛大学的研究者们在细菌基因序列数据库

---

3 Pian Yu，et al. "Pyroptosis: mechanisms and diseases," *Signal Transduction and Targeted Therapy*, 2021.

4 ALEX G. JOHNSON, et al. "Bacterial gasdermins reveal an ancient mechanism of cell death," *Science*, 2022.

里找到了 50 个和哺乳动物 gasdermin 很相似的新基因。他们进一步解析了其中几个细菌蛋白的晶体结构，发现尽管细节存在很多差异，但整体结构也确实很像哺乳动物的 gasdermin 蛋白，都是由一个 N 端的功能性区域和一个 C 端的抑制性区域相连而成的，而且一旦中间被蛋白酶切开，N 端区域也能像哺乳动物蛋白那样，自己插入细菌的细胞膜，形成一个几十纳米直径的孔洞，破坏细菌细胞膜的完整性，引起细菌的死亡。更有意思的是，细菌基因组里也能找到类似哺乳动物蛋白酶的基因，而且细菌的 gasdermin 基因和细菌蛋白酶基因，还在细菌基因组上紧密地靠在一起。

也就是说，粗看起来，单细胞细菌的体内也藏着一套能够启动焦亡的程序。但这套系统是干什么用的呢？

研究者们想到，也许细菌也需要这套系统抵御病原微生物入侵。而对于细菌来说，最主要的病原微生物就是所谓的噬菌体，也就是专门入侵细菌的病毒了。研究者们果然也发现，如果破坏掉细菌内的焦亡程序，那么在遭遇噬菌体感染的时候，细菌的繁殖速度会显著下降，而病毒的繁殖速度则会显著提高。也就是说，这套焦亡程序确实起到了遏制病毒感染的作用。

但说到这里，刚刚我们那个问题其实还没解决。作为一类单细胞生物，在遭遇病毒入侵的时候，启动自杀程序，这怎么就能是一件好事，这怎么就能帮助抵抗病毒呢？

关于这一点，研究者们并没有过多的涉及，但我们不妨展开一些讨论和想象。

这项发现对我们最重要的提示也许是，细菌固然是一类单细胞生物，但细菌个体之间的关系可能比我们想象的要密切。当然，人们早就知道细菌有所谓的群体感应（quorum sensing）机制，能够在少数场合感知彼此的存在，步调一致地完成某些简单的协同任务。但从刚刚介绍的这项研究看，细菌个体之间的关系甚至已经紧密到了愿意为彼此牺牲、促进整个种群发展的程度了。我们可以设想，当一个细菌被噬菌体入侵后，如果束手就擒放弃反抗，那么病毒就可以在它体内肆意复制，诞生更多的病毒个体入侵其他细菌。但如果这枚细菌启动了焦亡程序，和病毒同归于尽，那么不光入侵者会被消灭，细菌还能像外界同胞发出危险信号，提升它们的防御水平。这样一来整个细菌群体的生存能力就会大大提高。

听起来好像有道理，但别忘了，这基本是我们的推测，几乎所有细节都等待着去发现和解释。比如，细菌的gasdermin 蛋白到底是如何感知病毒入侵并被激活的？这套系统和我们已知的细菌防御系统——著名的 CRISPR/cas9系统——有什么关联？还有，细菌打孔之后，释放出来的物质到底如何被其他细菌感受到的？其他细菌会出现什么样的反应？还有，既然细菌都能焦亡，那焦亡是不是进化史中最古老的一种细胞程序性死亡的方式？这种方式是如何出现和持续进化的？

还有更重要的是，上面我们描述的过程，似乎和经典的进化论出现了冲突。细胞主动自杀这个特征，对于多细胞生物来说价值是不言而喻的，但对于细菌这样的单细胞生物来说，它提供了什么进化优势呢？是进化论本身需要更新，还是细菌个体之间有更紧密的基因层面的联系，使得自我牺牲反而帮助了细菌更好地传递自身基因？

这些问题都还需要进一步回答，甚至看完这项研究，我们脑子里的问题比看之前还要多——也许这就是一项真正的好研究最重要的特征吧。

12 "山中因子"逆转衰老

在之前的《巡山报告》中，我们多次讲到和延缓衰老、延长寿命有关的研究进展。比如节食和运动及其背后的生物学机制，比如二甲双胍、雷帕霉素等药物，比如换血，还有各种新发现的逆转衰老因子[1]。这一点也不奇怪，长命百岁、长生不老本来就是人类朴素和长久的愿望，寿命和衰老问题本身也是非常有趣和神秘的生物学基本问题，当然有大量的研究资源投入这个领域，研究进展也自然会非常丰富。

这次我要介绍的，是完全不同于上述思路的一种逆转衰老的方法：通过把衰老细胞重新拉回年轻状态，实现逆转衰老的效果。

要说清楚怎么把衰老细胞拉回年轻状态，我们首先得解释一下年轻细胞是怎么衰老的。人类这样的多细胞生物，从小到大发育成熟的过程是靠一枚受精卵细胞持续不断地分裂实现的。在这个细胞一变二，二变四，四变八，最后形成几十万亿个细胞的过程中，也伴随着细胞的持续"衰老"。

---

1 Judith Campis, et al. "From discoveries in ageing research to therapeutics for healthy ageing," *Nature*, 2019.

这个衰老倒不是说这些细胞已经垂垂待死，而是说它们在逐步分裂堆积的过程中，伴随着"潜能换功能"的过程：逐步失去受精卵细胞所具备的无所不能的分化潜能，逐渐只能执行单一的生物学功能，比如成为皮肤的一部分，成为大脑神经系统的一部分，等等。这个过程有点像巨石从山头滚下的过程，在山顶的时候巨石拥有无限种滚落的路径选择，但在滚下的过程中，它的速度越来越快，但可供选择的路径会越来越少，直到跌落地面，在地面忠实地执行它被赋予的生物学使命，直到不可逃避地衰老和死亡。

长久以来人们默认这个石头滚落的过程是绝对的单行道、完全不可逆。直到 2006 年，日本科学家山中伸弥在《细胞》杂志发表论文[2]，证明在已经完成分化，也就是已经从山顶跌落地面的细胞中，人为表达四个基因，分别是 Oct4、Sox2、Klf4 和 c-Myc（简称 OSKM 或者干脆叫"山中因子"），这些细胞能被重新推上山顶，变成具备各种分化潜能的干细胞状态。这项研究理所当然的快速引爆了整个生命科学领域，也很快有人开始在临床试验中尝试用这样的方法治疗疾病。这个道理很简单，原本可能需要做异体器官移植的患者，借用这项技术，可以用自己的身体细胞，加上山中因子重新诱导回干细胞状态，再定向分化成需要的器官，做移植就可以了。

举一个具体的例子吧，美国国家健康研究院在 2019 年

---

2 Kazutoshi Takahashi, et al. "Induction of Pluripotent Stem Cells from Mouse Embryonic and Adult Fibroblast Cultures by Defined Factors," *Cell,* 2006.

启动了一项 200 人规模的临床试验，试图用这个办法治疗老年黄斑变性。他们把患者的身体细胞取出，重新推上山顶，变回具备分化潜能的干细胞，然后再定向分化成为视网膜细胞，注射到患者眼球中，替代那些过早死亡的视网膜细胞，挽救患者的视力 [3]。

说到这里，我们讲的还是替换性的治疗思路。身体有细胞衰老死亡了，用山中因子重新诱导一批新的细胞去替代它。但很显然这个思路是没法用来治疗生物个体系统性的衰老的，总不能把全身细胞都替换掉吧？

那换个方法，能不能不替换，直接把山中因子放到衰老动物的全身细胞里去，永久性地把这些细胞年轻化呢？还真有人试过这个方法，答案是不行。如此操作后小鼠全身多个器官会长肿瘤 [4]。原因其实也不难理解,山中因子的作用是把已经完成分化的细胞重新推上山顶，重新具备分化潜能，那这些细胞就可以随心所欲地选择道路下山，随心所欲地胡乱分裂和分化了——那不就是癌细胞的特征吗！

那这条抗衰老的路子就被彻底堵死了吗？不死心的研究者们又尝试了一个新的思路：既然持续供应山中因子会引发癌症，那能不能只是短暂的给身体细胞提供一点山中因子呢？我们不把身体细胞往危险的山顶推，推到半山腰

3　https://www.nih.gov/news-events/news-releases/nih-launches-first-us-clinical-trial-patient-derived-stem-cell-therapy-replace-dying-cells-retina

4　María Abad, et al. " Reprogramming *in vivo* produces teratomas and iPS cells with totipotency features, " *Nature*. 2013.
　Kotaro Ohnishi, et al. "Premature Termination of Reprogramming In Vivo Leads to Cancer Development through Altered Epigenetic Regulation," *Cell*, 2014.

让它找回点青春活力，这样行不行？ 2016 年，美国索尔克研究所的科学家们尝试了这个思路，取得了巨大的成功[5]。他们发现，短暂地启动四个山中因子几天到十几天，不会导致肿瘤发生，反而会逆转小鼠身体细胞和多个器官的衰老，大大延长早衰症小鼠的寿命（从大约 18 周延长到了 24 周）。

当然，你应该也发现了，这项很漂亮的研究有一个硬伤，它是在早衰症小鼠上做的验证，正常小鼠有差不多 2 年的寿命，而早衰症小鼠携带一个罕见的遗传变异，未老先衰，普遍只能活三四个月。显然，能让早衰症老鼠多活几周，和能让正常衰老的动物重返青春，可能是性质完全不同的两件事情。

在 2022 年 3 月 7 日，同一个实验室的科学家们在《自然 衰老》杂志上发表了一篇新的论文，对这个遗留问题有了进一步的解答[6]。这一次他们改在正常小鼠体内定期表达四个山中因子。估计是受实验条件的影响，他们并没有观察这些小鼠的寿命是否得到了显著延长——可能是因为要完成观察小鼠寿命至少需要等两三年时间。但他们用了一系列别的方法来间接确认小鼠的衰老是否得到了逆转，比如身体细胞的基因表达和染色体 DNA 的状态被显著改善，小鼠伤口愈合的能力得到了增强，小鼠的整体代谢状况也

---

5 Kotaro Ohnishi, et al. "Premature Termination of Reprogramming In Vivo Leads to Cancer Development through Altered Epigenetic Regulation, " *Cell*, 2020.

6 Kristen C. Browder1, et al. "In vivo partial reprogramming alters age-associated molecular changes during physiological aging in mice, " *Nature Aging*, 2022.

现代中国人从哪里来

有改善，这些都是正常衰老中常见的问题。

　　除此之外，这项研究还有一个比较重要的发现。限于早衰症老鼠的寿命，他们之前只测试了几天到十几天山中因子刺激的效果，这次在正常老鼠中，他们测试了长达7~10个月的山中因子刺激，发现在逆转衰老的同时，没有带来任何肿瘤风险。这当然大大增强了人们对这项技术安全性的信心。毕竟在人体进行三个基因的遗传操作还是相当冒险的举动，时间窗口也很难把握得特别精准，要是几个月的操作都安全，我们就更可以放心在人体中测试几天这种时间尺度的抗衰老操作了。

　　值得注意的是，这条逆转衰老的技术路线还能选择性的在重点器官里使用。在2020年，哈佛大学的一个研究还证明，只在小鼠的视网膜里表达山中因子（更准确地说是OSKM其中的三个），能够显著逆转视网膜细胞的衰老，提升视网膜的再生和修复能力[7]。

　　在我看来，这可能是这项技术更有价值的应用场景，在未来，我们不妨设想这样的画面，我们可以用包括节食、运动、二甲双胍在内的更简单易行的方法来对抗全身的衰老，在用山中因子组合来对抗身体中被衰老重点打击的器官和组织——这个可能还因人而异——最终实现长命百岁的理想。

7 Yuancheng Lu, et al. "Reprogramming to recover youthful epigenetic information and restore vision," *Nature*, 2020.

疾病研究

13 全新降脂药物获批，RNA 药物时代开始

    2020 年 12 月 11 日，一款治疗高血脂的新药因利司然（Inclisiran）在欧洲获批上市，在美国上市应该也近在眼前[1]。这款药物最早是由美国阿里拉姆（Alnylam）公司设计的，之后诺华制药几经辗转，在 2019 年获得了这款药物的开发权，并最终在 2020 年底将其推向市场。

    按说，降血脂药物本身没什么值得讨论的。大名鼎鼎的他汀类药物，从 20 世纪 80 年代开始就扎堆进入市场，让几大制药公司赚得盆满钵满，还诞生过立普妥（阿托伐他汀）这样历史销售额超过 1600 亿美元的冠军药物。近几年，新一代降脂药物又纷纷问世，主要以大分子抗体药物为主。

    但是，Inclisiran 仍然值得大书特书。因为它既不是传统的小分子药物，也不是一般意义上的大分子药物，它是一个 RNA 分子药物。

    简单来说，它就是一小段由几十个碱基连接而成的 RNA 链，经过一些"糖基化"的化学修饰之后做成药物，直接通过皮下注射进入人体。这些 RNA 分子进入人体的肝

---

1 https://www.tctmd.com/news/Inclisiran-approved-europe-lowering-ldl-cholesterol

脏细胞以后，能够寻找碱基序列恰好互补的 RNA 分子，和它们结合在一起，然后启动一个名为"RNA 干扰"的过程，把这些 RNA 分子降解破坏掉。

我们知道，在人体细胞中，所有的蛋白质合成都需要两个步骤——DNA 到 RNA 的"转录"步骤，和 RNA 到蛋白质的"翻译"步骤。RNA 是抄写 DNA 的产品，同时也是蛋白质生产的图纸。要是一个 RNA 分子被破坏了，它指导生产的那个蛋白质自然也就没有了。而一个特定的重要蛋白质没有了，人体细胞的正常工作就会受到影响。这就是这一类药物治疗疾病的原理。

具体说到 Inclisiran 这个药物，它专门针对一个叫作 PCSK9 的基因去搞破坏。这是因为人们在 20 世纪 90 年代发现，有一些人的 PCSK9 基因天生就不能工作，但这些人不光身体健康，血脂还特别低。这个发现就启发大家开发一个专门破坏 PCSK9 蛋白质工作的药物来降血脂。Inclisiran 就是这样。

不光如此，在经过化学修饰以后，Inclisiran 的效用还特别长，打一针管半年。这对于需要长期管理的高血脂患者来说，当然是个好消息。

说到这，好像这条消息还不够刺激，对吧？

别着急。在我看来，Inclisiran 的上市标志着一个重要的历史性时刻——RNA 药物的时代到来了。

传统的人类药物主要是各种小分子化学物质，比如阿司匹林、二甲双胍、布洛芬。它们一般是通过结合人体细胞中某一个或者几个蛋白质分子，关闭或者开启它们的工作来起到治疗疾病的效果。

在 20 世纪后半叶，分子生物学的革命为我们带来了大分子药物，特别是抗体药物。这些药物本质上就是一个庞大的抗体分子，同样能够识别和结合人体细胞中的某一个蛋白质并且影响它的功能，从而治疗疾病。比如，治疗乳腺癌的药物赫赛汀（曲妥珠单抗）、癌症免疫药物可瑞达（帕博利珠单抗），都是这样的药物。

拿这次新冠药物来说，"人民的希望"瑞德西韦就是小分子药物，特朗普使用的来自美国再生元公司的鸡尾酒药物就是抗体药物。

但是，小分子药物也好、抗体药物也好，开发周期都非常长，动辄十几年甚至几十年，耗费的资源也是极其惊人的，消耗十几亿美元都不算什么惊人的数字。因为这些药物从筛选、设计到生产、人体测试，有大量的技术障碍需要克服，也有大量的未知因素会影响它们的安全性和药效。往往一个成功药物背后，有数以百计的失败药物垫底。

而所有这一切，最底层的原因都是：我们从原理上不知道怎么设计一个小分子或者抗体药物能够专一地结合我们想要干扰的蛋白质分子。因此，药物开发本质上是一个有点玄学和运气色彩的工作。

但是，RNA 药物有可能彻底颠覆药物研发的整个传统逻辑。

RNA 药物的设计思想是非常直接的：人体里有哪个蛋白质作怪让人得病，或者有哪个蛋白质只要消灭了就能治病，就针对这个蛋白质的 RNA 序列设计一个能和它互补结合的短 RNA 链条，注射到人体，就完事儿了。

在 20 世纪的分子生物学革命以来，人类对 RNA 分子的特性掌握得不说面面俱到，至少也是八九不离十了。而且，相比小分子药物和抗体药物，RNA 分子本身的特性也特别简单，无非就是四种碱基的排列组合。

也就是说，RNA 药物的设计思想和开发路线，要比之前的药物开发简单太多了，简直是一种降维打击。

这个道理我打个比方你就明白了。

传统汽油车的开发是有很多玄学和历史经验在里头的，发动机什么尺寸什么材料，活塞设计成什么形状，传动齿轮怎么组合，都需要反复测试。一家新公司底子薄、积累少，想要超过老牌企业是非常难的。但是到了电动车时代，所有经验都归零了。因为电动车的动力无非就是电池加上一个电动马达而已，复杂度大大下降。这也是特斯拉能够弯道超车成为汽车行业市值第一的企业，国内新势力造车厂一夜之间纷纷崛起的根本原因。

RNA 药物就有这样的潜力。

当然，我也得强调一句，RNA 药物不是今年刚刚出现的。Alnylam 之前已经把三款 RNA 药物推向市场了，Inclisiran 只能排第四。

但是，前三款药物都是针对罕见遗传疾病的。道理也不奇怪，RNA 药物本质上可以看成是基因治疗药物，自然的，一个用途就是消灭出现了先天遗传缺陷的蛋白质分子，治疗罕见遗传病。Inclisiran 是有史以来第一款针对大众疾病的 RNA 药物。

未来，这条药物开发路线的潜力几乎是无穷无尽的。还是那句话，人体里哪个蛋白质作怪让人得病，或者哪个蛋白质只要消灭了就能治病，就针对这个蛋白质的 RNA 序列设计一个能和它互补结合的短 RNA 链条，注射到人体。

未来，人类药物开发甚至有可能做到彻底个性化。

比如，一个人被诊断出了某种癌症，通过基因测序发现，这个病是他身体里某蛋白质发生了基因突变导致的。那么医生就可以直接在电脑上下单，订购一款专门针对这个突变蛋白质的 RNA 药物，工厂合成出来，打一针，患者的癌症可能就迅速被治好了。而且整个周期，即便在今天的技术水平下，也只需要一两周时间就能完成。

RNA 制药的逻辑还能用在疫苗开发领域。2020 年底，德国 BioNTech 公司和美国 Moderna 公司开发的两款新冠疫苗已经在美欧各国正式获批上市。

这两款疫苗都是 RNA 疫苗，开发逻辑和 Inclisiran 有点类似，主体也是一段由四种碱基组合而成的 RNA 链条。只是，Inclisiran 是干扰破坏细胞里原有的 RNA、阻止蛋白质合成的，而新冠疫苗的 RNA 则是进入人体细胞，指导蛋白质合成的。它们是参照新冠病毒的基因组序列设计出来的，可以在人体细胞里生产新冠病毒表面刺突蛋白的一部分，释放到血液中，供人体免疫系统识别和捕捉，从而形成对新冠病毒的免疫记忆。

根据上面的讨论，我想你现在也能理解，为什么在众多疫苗开发路线中，RNA 疫苗能够率先撞线，而且可以保证每年十几亿剂的天量产能了。

相比传统疫苗，RNA 疫苗的设计开发步骤得到了大大简化，基本可以说，只要有病毒的基因组序列就可以开始疫苗设计。后续的生产环节也非常简单，无非就是在实验室里合成一段一段的 RNA。RNA 疫苗还有一个巨大优势就是，如果病毒出现了重大变异，原来的疫苗失效，也可以迅速重新设计和生产。

当然了，这是有史以来 RNA 疫苗第一次正式上市，开始大规模应用，确实还需要一些时间检验它的安全性和有效性。

但和我刚刚对 Inclisiran 的评论类似，如果这次新冠 RNA 疫苗能够取得成功，那它的意义将远远超过对抗新冠肺炎这一种疾病。人类的整个疫苗开发体系，都将会有一次革命性的升级。

从这个角度说，国产新冠灭活疫苗上市的消息当然非常值得我们高兴，但是着眼于未来，RNA 疫苗（也包括可能出现的 DNA 疫苗）这条技术路线是我们一定要努力去掌握的。

14 抗衰老"神药" NMN 的人体临床试验

在过去几年，总有人找我打听一种叫作 NMN（烟酰胺单核苷酸）的抗衰老神药，该不该吃、有没有用，我一般都会直接回答"不要吃，智商税"。但是架不住哈佛医学院教授大卫·辛克莱（David Sinclair）和香港富豪站台，各种渠道推广的力度也不小，估计很多朋友问完了还是照样会买。

平心而论，NMN 的作用倒也不能说毫无根据。这种化学物质在口服之后，能够快速被消化系统吸收，进而转换成一种叫作 NAD+(烟酰胺腺嘌呤二核苷酸) 的物质。NAD+ 非常重要的生物学作用是，它参与细胞能量代谢的关键步骤。而且确实有些研究发现，伴随着衰老，以及糖尿病在内的代谢疾病的出现，NAD+ 的水平会下降。

这样一来，人们当然会猜测，如果给生物补充 NAD+，是否有延缓甚至逆转衰老的效果？结果还真的发现，在不少生物当中，包括酵母、果蝇和小鼠，补充 NAD+ 可以延长寿命、逆转衰老导致的疾病[1]。NMN 研究的主导者之一——哈佛医学院教授大卫·辛克莱（David Sinclair）就公

---

[1] HONGBO ZHANG, et al. "NAD+ repletion improves mitochondrial and stem cell function and enhances life span in mice," *Science*, 2020.

开宣称，自己每天都吃 NMN，效果特别棒。

有生物学机制，有动物模型研究，有科学大佬站台，我为什么还建议不要吃呢？

原因也简单。美国国家衰老研究所的科学家菲利普·塞拉（Felipe Sierra）有句话说得特别到位，"我不会吃，因为我不是老鼠"[2]。

这句话当然是个玩笑，但背后的道理特别严肃。咱们《巡山报告》中也曾经反复强调，任何一种医学手段，不管是药物、疫苗还是医疗器械，在人群大规模应用之前，都应该接受人体临床试验的检验，而且最好是大样本的随机双盲对照试验。实际上，超过 90% 的候选药物在完成实验室研究、进入人体临床试验之后都失败了，要么发现对人体不安全，要么发现对疾病没用。

这是因为，生物医学研究直到今天都没办法对人体系统做出准确和全面的描述和预测，而任何一种动物模型都无法 100% 准确地模拟人体特征。一种药物的生物学机制成立、对动物有效，并不说明它对人就有效。

所以，既然 NMN 这种化学物质看起来可能对抗衰老有效，合理的思路应该是征得监管机构的批准，开展人体临床研究，看看结果再说。

而 NMN 的开发者却选择走了条捷径，先不搞临床试验，先把公司开起来，渠道铺开，大佬站台，不管三七二十一先按保健品来卖，把钱赚到再说。

---

2 https://khn.org/news/a-fountain-of-youth-pill-sure-if-youre-a-mouse/

我对这种方式是非常不以为然的。在我看来，这种态度本身就说明一些问题。要知道在大部分国家，包括 NMN 的发明地美国和咱们中国，保健品和药品的监管逻辑完全不同。只要对人体安全，就可以按照保健品注册、生产和销售，但不允许说它有任何疗效；而只有证明了安全又有实际的健康收益，才能按照药品注册、生产和销售。现在这种按保健品销售，却打擦边球说有各种神奇作用的做法，无论如何都透着不地道。

　　顺便说一句，NMN 的站台大佬大卫·辛克莱还是另外一个抗衰老神药"白藜芦醇"的始作俑者。虽然他确实是学术界大佬、哈佛医学院教授，但言行实在是不怎么靠得住。

　　当然，也有老实研究 NMN 的人。

　　2019 年，日本科学家找了 10 名健康男性给他们吃 NMN，发现短期服用没有什么副作用[3]。但这项研究完全没有涉及"NMN 到底有没有用"这个问题。

　　到了 2021 年 4 月 22 日，NMN 的第一项人体临床试验的结果正式发表于《科学》杂志[4]。

　　这项研究是一个小规模的双盲试验。研究者们找来了 25 位绝经后的中老年女性，这些人都是体型肥胖、血糖调节已经出了问题的人。其中 13 位每天吃 250 毫克 NMN，

3　Junichiro Irie, et al. "Effect of oral administration of nicotinamide mononucleotide on clinical parameters and nicotinamide metabolite levels in healthy Japanese men," *Endocrine Journal*, 2019.

4　MIHOKO YOSHINO, et al. "Nicotinamide mononucleotide increases muscle insulin sensitivity in prediabetic women," *Science*, 2021.

坚持 10 周；另外 12 位则吃安慰剂药片。试验结束后，研究者们对这一小群人的各种生物学指标进行了分析。

根据小鼠实验结果看，NMN 应该能够显著改善动物的代谢功能，恢复对胰岛素的敏感度，让血糖回归正常，还有降血脂的效果[5]。

人体的数据如何呢？

应该说，确实看到了一些变化。比如科学家们发现，服用 NMN 的人，肌肉组织对胰岛素的敏感度上升了，肌肉细胞中和血糖调节有关的基因表达也发生了变化。但更重要的指标，比如这些人的体重、血糖、血脂、血压、脂肪肝、腹部脂肪体积等各种和健康直接相关的指标，统统没有什么变化。简单总结就是，NMN 这个化学物质吃下去，看起来确实在人体细胞里产生了一些影响，而且影响方向和动物模型的预测一致。但至少在这项研究中，吃 NMN 没起任何实际作用。

这当然不能说明 NMN 一定是假药，从技术上说，服用剂量、服用时间、针对的人群、针对的疾病，都可能还有探索和优化的空间。就算 NMN 对代谢疾病没用，对肥胖妇女没用，也不能说它对于任何疾病、任何人群肯定没用。

但是反过来，我们同样也没有任何证据说它有用。因为至今唯一这么一项小规模的人体临床试验，还给出了一个负面的结果。

---

5 Jun Yoshino, et al. "Nicotinamide mononucleotide, a key NAD+ intermediate, treats the pathophysiology of diet- and age-induced diabetes in mice," *Cell Metab,* 2012.

基于这样的分析，我想我的建议还是站得住脚的：至少现在，这就是一个智商税产品，强烈建议你不吃。未来真有了充足的证据，你再根据新的证据对症下药，也比现在盲目跟风好得多。

顺便说一句，伴随着社会发展和人均寿命的提高，延缓衰老、预防伴随衰老而来的各种疾病，已经成了很多人的刚需。这方面的生物学研究和药物开发工作，也理所当然地吸引了很多人的关注。其实，也有大量的严肃研究值得我们好好追踪。

比如，美国国家衰老研究所就有一个 ITP 项目，专门测试各种抗衰老药物在小鼠身上的作用，其中一些药物已经进入了人体测试，比如雷帕霉素和二甲双胍[6]。与其跟着广告心潮澎湃，还不如紧跟严肃科学研究的脚步往前走。而在抗衰老神药真的降临之前，管住嘴、迈开腿、改善自己的生活方式，还是最靠谱的办法。

---

6 https://www.nia.nih.gov/research/dab/interventions-testing-program-itp

现代中国人从哪里来

15　本土诞生的第一个 "best-in-class" 新药

在《巡山报告02》中，我向大家汇报了一个本土新药研发的大消息。百济神州公司开发的一款抗癌药物泽布替尼（Zanubrutinib）获得了美国药监局的批准，在美国上市销售，用于治疗一种罕见的血液肿瘤——套细胞淋巴瘤。虽说每年通过美国药监局评审上市的新药有几十种，但泽布替尼在美国上市仍然是一个里程碑事件。我们当时是这么说的：

"这是因为泽布替尼的开发者——百济神州，是一家成立于2010年，总部位于中国北京的药物研发企业。泽布替尼是这家公司成立以来第一个开发成功、获得上市许可的药物。而这种药物的早期开发工作，以及大部分的人体临床研究，也都是在中国本土完成的。"

"一家中国本土医药公司，在中国本土的实验室里开发出一种新药，在中国的医院里完成了严格的临床测试，最终把所有的数据汇总提交后，获得了全世界可能最为严苛的药品审查机构的绿灯放行，得以在全世界最为重要的医药市场上销售。这样的事情还是有史以来第一次发生。"

一年多时间过去了。这款新药陆续获得了中国、加拿大等国监管机构的上市批准，也将应用范围拓展到了其他几种血液肿瘤中。更值得一提的是，百济神州分别启动了两项名为 ASPEN 和 ALPINE 的 3 期临床试验，直接对比泽布替尼和同类药物伊布替尼（Ibrutinib）的疗效差异。

听起来无非是新的一些临床研究规划而已，想要说清楚它们的意义，我得先普及几个概念。

同样是药物开发，还是存在难易程度和重要性区别的，或者通俗地说，就是"鄙视链"。

鄙视链最下游的，是所谓"仿制药"。一款药物上市以后，专利保护期过了，谁都可以依样画葫芦，生产类似的药物，只要证明自己生产的药物和原本的药物物理化学性质接近、吃下去以后被人体吸收代谢的速度差不多，就可以上市销售。这就是仿制药。

显然，仿制药的研发难度比较低，毕竟有现成的作业可以抄嘛。当然我得强调一句，门槛低不意味着不重要，对于任何一个大国来说，能够生产质量过硬的仿制药都是重要的民生工程，能够大大降低普罗大众的医疗成本。

除了仿制药，剩下的就是一般意义的所谓"新药"。但新药里也有自己的鄙视链——

一种利用全新的作用机制治疗疾病的药物，叫作 first-in-class 药物，或者叫首创新药，理所当然地站在鄙视链顶端。原因也很简单，既然叫 first-in-class，就说明在之前的人类历史上，还没有人能利用同样的机制治疗疾病，它完全是在黑暗中摸索出来的新药，成本高昂，但意义重大。

比如刚刚我们提到的伊布替尼就是一个 first-in-class 新药。它由美国强生公司开发，2013 年获批上市，用于治疗包括套细胞淋巴瘤在内的几种血液肿瘤。这款药物在人体中可以识别、结合和抑制一个叫作 BTK 的蛋白质分子，从而起到抑制癌细胞增生的作用。

在伊布替尼上市前，人们固然知道 BTK 蛋白和血液肿瘤的关系，但只有这款药物被开发出来，并经过临床试验的检验上市，人们才真正确定"抑制 BTK 能够治疗某些血液肿瘤"这句话是真实的。这就是 first-in-class 药物的独特价值——有了它，人们才知道这条路走得通。

当一条治疗路径被证明有效之后，一般来说，各大药厂都会蜂拥而至，利用同一路径开发自有知识产权的新药。这些药物不分先后，一般都会被叫作"me-too"药物（"我也有"药物）。"我也有"药物的价值当然也很大，一方面，对药厂来说，这是自己的产品线、自己的市场份额，另一方面，增加了同一赛道的竞争，对医生、患者、医保机构都有好处。

但它属于被 first-in-class 药物鄙视的对象。毕竟有先例在前，开发起来容易得多。对于小分子药物来说，很多时候小小地改变一下化学结构，就有可能找到一款还不错的"我也有"药物。泽布替尼同样是一款"我也有"药物。

而"me-too"药物想要弯道超车，还有一个撒手锏，那就是"best-in-class"药物——同类最佳药物。时间上已经不可能超越了，但如果能证明我虽然来得晚，但是疗效比先行者更好，那意义也是非常重大的。毕竟到了真实的临床应用环节，医生、患者不会真的在乎谁开发得早，谁效果好、谁副作用小才是硬道理。

但这里有一个小小的麻烦。谁是新药、谁是仿制药一望而知，谁是"first-in-class"、谁是"me-too"也好判断，但谁是"best"，很多时候就成了一个自说自话的文字游戏。毕竟一款药物有很多个可能的评价维度，谁药效好，谁安全性好，谁便宜，谁吃起来方便，谁适用人群规模大……这些都可以作为声称自己"best"的依据。

怎么办呢？

在医药产业界，判断"best-in-class"也有一个金标准，叫作"头对头试验"，或者叫"优效性研究"。简单来说就是，找一组症状类似的患者，随机把他们分成两组，一组吃 A 药，一组吃 B 药，一段时间后，看哪一组患者的疾病控制得好、副作用出现的频率低，如果差别超过了某一个事先规定好的数值，那谁就真的更好。

百济神州就做了这样的事。刚刚我们提到的两项临床试验——ASPEN 和 ALPINE，就是在直接对比泽布替尼和同类药物的老大哥、"first-in-class"药物伊布替尼的疗效差异。在开发出第一款本土研发、出海成功的癌症新药之后，百济神州可谓野心勃勃。它希望自己的药物顺着鄙视链继续向上游进发，证明自己是"best-in-class"。

2020 年 5 月，ASPEN 试验数据揭晓[1]，在针对瓦氏巨球蛋白血症的研究中，泽布替尼和伊布替尼效果差相仿佛。这已经是个不错的结果了，但没能证明泽布替尼的优越性。

---

1 Si Lun Tam, et al. "ASPEN: Results of a phase III randomized trial of zanubrutinib versus ibrutinib for patients with Waldenström macroglobulinemia (WM)," *American Society of Clinical Oncology*, 2020.

到了 2021 年 6 月 1 日，百济神州发布公告，声称 ALPINE 研究的中期分析数据出炉[2]。

在这项针对复发或难治性慢性淋巴细胞白血病和小淋巴细胞淋巴瘤患者的头对头研究中，泽布替尼在主要治疗指标——客观缓解率 ORR——上，取得了显著优于伊布替尼的成绩，证明了自己相比伊布替尼，更称得上"best-in-class"药物。同时，在另外一项重要的临床指标——无进展生存期 PFS——上，泽布替尼也显著好于对手，并且副作用比例更低。

怎么评价这个新闻呢?

从微观上说，这无非是某一款中国本土研发的新药在某一种疾病类型、某一个具体的治疗指标上，取得了比行业金标准更好的效果。在人类征服疾病的漫漫征途上，这点进展不值一提，能够切实提升挽救的患者数量上也比较有限。对百济神州公司来说，这个结果最大的好处可能在于，在未来销售推广泽布替尼的时候，有了实在的数据支持，对于打开市场有很好的作用。

但从行业视角看，这件事又可以说有着里程碑式的价值。

泽布替尼 2019 年在美国获批上市，证明了中国本土的医药企业能够按照全球最严苛的标准开发一款"me-too"新药。泽布替尼这次的表现，则证明了中国本土的医药企

2 https://www.obroncology.com/news/beigene-announces-first-presentation-of-the-phase-3-alpine-trial-comparing

业，能够按照全球通行的、最严格的标准开发出"best-in-class"药物。这对于百济神州这家公司来说，对于中国本土的医药研发事业来说，都是历史性的时刻。

零一旦被突破，接下来从 1 到 10、从 10 到 100 的工作等待着中国本土的医药开发者。中国要走向星辰大海，中国人民要健康长寿，当然离不开强大的本土医药企业，离不开便宜好用的仿制药，离不开丰富多样的"me-too"新药，也离不开体现底层创新能力的"first-in-class"和"best-in-class"药物。泽布替尼这棵独苗之后，希望还有新芽满地。

16 在争议声中，美国FDA批准了近20年来首款阿尔茨海默病新药

2021 年 6 月 7 日，美国药监局正式批准了美国勃健（Biogen）和日本卫材公司（Eisai）联合开发的阿尔茨海默病新药阿杜卡马单抗（aducanumab）上市销售[1]。这是 2003 年以来，美国 FDA 批准的第一款阿尔茨海默病药物。消息一出，勃健公司股票当日暴涨 40%，市值超过 500 亿美元。

阿尔茨海默病困扰着全球超过 5000 万患者。有人估计，随着人口老龄化，到 2050 年，全球阿尔茨海默病患者将超过 1.5 亿。这种疾病能够缓慢破坏患者的记忆力、认知功能乃至生活自理能力，每一位患者背后都有一个心碎的家庭，而千万患者背后是各个国家不堪重负的医疗和社会保障系统。一直以来，全世界都在翘首企盼这种疾病的任何一次重大进展、任何一种新疗法的出现。所以，阿杜卡马单抗这款药物正式上市就如此引人注目，也就不奇怪了。

但是，这款药物的上市又实实在在地引发了巨大的争议。我说两件事你就明白了——

首先，2020 年初，两家公司正式提交了阿杜卡马单抗

---

1 https://www.fda.gov/news-events/press-announcements/fda-grants-accelerated-approval-alzheimers-drug

的上市申请。但到了2020年11月，美国药监局组织的顾问委员会（共11人）以压倒性的票数表示，这款药物的临床证据不足以说明它对阿尔茨海默病患者有好处，不建议批准上市[2]。需要注意的是，顾问委员会的意见仅仅是为药监局提供参考，并没有强制力。但从历史上看，药监局极少在顾问委员会强烈反对的条件下强制性批准一款新药。而在这款药物上，这件事还真的发生了。

还有就是，在美国药监局正式批准这款新药之后，药监局顾问委员会已经有至少三位专家公开辞职，表达不满。有专家在辞职信中异常尖刻地指出，药监局的举动是"近期美国历史上最差劲的药物批准决定"。到了6月底，美国众议院监督和改革委员会更是宣布对此事展开调查。如此强烈的反对声，大概是美国药监局和两家公司始料未及的。

那到底是怎么回事呢？

其实，我在之前的《巡山报告01》的"巡山大事记"中已经详细讨论过这款药物。这里因为篇幅，我只做一个非常粗略和简单的小结。简单来说就是——

阿尔茨海默病的病因其实到今天都还没有形成一个共识，但科学界一个主流意见是，它和一种名叫Abeta的异常蛋白质有关。在患者大脑中，这种蛋白质大量累积，形成块状沉淀，破坏神经细胞的功能，甚至杀死神经细胞，最终导致不可逆的大脑功能损伤。阿杜卡马单抗这种药物，

---

2 https://www.biospace.com/article/fda-advisory-committee-rejects-biogen-s-alzheimer-s-treatment-/

就是专门识别、结合和降解掉大脑中的 Abeta 沉淀，从而缓解阿尔茨海默病。

首先，我们需要注意的是，"Abeta 导致阿尔茨海默病"这个理论本身就存在不少疑问和争议。很多科学家压根不认为 Abeta 是致病元凶，也有很多科学家认为 Abeta 虽然不好，但形成沉淀的 Abeta 其实反而有保护作用，轻率地把它们清除掉只会让病情恶化。还有更多的研究在持续发现各种阿尔茨海默病的可能病因，甚至包括肠道菌群紊乱和牙龈细菌感染。总的来说，支持阿杜卡马单抗研发的基础理论就存在先天不足。

但无论是 Abeta 理论的支持者还是反对者，都必须承认，检验药物是否安全有效，理论只能提供参考，金标准还是大规模人体临床试验。是骡子是马，拉出来遛遛。但在这个环节，阿杜卡马单抗的表现也让人有点摸不着头脑。

按照美国药监局的要求，两家公司开展了 2 项大规模 3 期临床试验来检验药效。两项研究的设计完全一致，规模和时间表也差不多，只不过是分头独立开展的，以减小试验误差。按照常理，两项研究应该会给出接近的结果。

但是，这一点偏偏出了问题。

到 2019 年，两家公司发现，一项名叫"涌现（EMERGE）"的临床试验结果不错，定期注射阿杜卡马单抗的早期阿尔茨海默病患者，认知衰退的速度相比安慰剂组患者有显著的下降，下降幅度达到 22%。但另一项名叫"参与（ENGAGE）"的临床试验却给出了相反的结果，用药的患者不仅没有好转，反而还表现出了轻微的恶化。

按照预先的试验设计，两个互相冲突的试验结果是不能为药物上市背书的。但两家公司在对数据进行详细分析之后认为，这种冲突可能是因为，只有长时间、高剂量使用药物才能看到效果。而在 ENGAGE 试验中，因为偶然因素，只有较少的一部分患者接受了这样高强度的治疗。

同时他们还发现，如果单单把两个临床试验中满足高强度治疗条件的患者拎出来做分析，确实都能看到病情的改善。而且在两个研究中，阿杜卡马单抗也都显著降低了患者大脑中 Abeta 蛋白沉积的水平。

所以，两家公司认为，这款药物是有效的，应该被用于治疗更多的阿尔茨海默病患者[3]。

很显然，美国药监局同意了这个分析思路。

如果纯粹从科学出发，这种思路的问题是显而易见的。EMERGE 和 ENGAGE 两项试验容纳了数千人，如果拿着数据做事后分析，你一定可以找到某一个特殊的群体，在他们中间药物是有效的。年龄、性别、病情、居住地、生活习惯，甚至教育水平、信奉什么宗教、喜欢什么零食……因为标准的组合是无穷无尽的，总有一款适合你。这个过程有点像你射完箭再去画靶子，那肯定是指哪打哪。

所以按照常理，如果两家公司真能找到一个能够说明药物有效的特殊组合，比如他们说的高剂量、长时间治疗，那么更合理的做法是再开展一个 3 期临床试验，专门测试这个组合的效果，一锤定音。

---

3 https://investors.biogen.com/static-files/ddd45672-9c7e-4c99-8a06-3b557697c06f

　　　　　　　　　　　现代中国人从哪里来

此外，用阿杜卡马单抗能够降低大脑里 Abeta 水平来为这款药物背书也比较牵强。我们刚刚就说，"Abeta 沉积导致阿尔茨海默病"这个理论本身就存在大量争议，不那么站得住脚。也就是说，就算一个患者脑子里 Abeta 降低了，也不说明药物就真的管用，不说明患者的病情就真的得到了缓解。制药公司是利用 Abeta 理论开发的阿杜卡马单抗，显然，用这款药物能降低 Abeta 为药物做背书，怎么听都有点循环论证的意思。

所以，针对阿杜卡马单抗的上市，科学顾问的愤怒、国会议员的关注都是非常有道理的。

但是，我在《巡山报告 01》里就比较大胆地预测，这款药物大概率还是会被批准上市。

当时我预测的逻辑是——药物批准在很大程度上并不完全是一个科学决定。在很多时候，现有的治疗手段是否足够好用，患者和医保机构是否付得起医药费，都是药物监管机构在审批新药时必须考虑的非科学因素。同样一款药物，针对的是无药可治的疾病，定价 100 元，可能会顺利上市；针对的是已经有大量药物可用的疾病，定价 10000 元，可能立刻会被拒绝。这里头的区别相信你也能理解。

而阿尔茨海默病，正是这么一个长期无药可治的世界性疾病。在 2021 年之前，针对这个病，美国药监局一共批准了 6 款药物，而且全部只有短期内改善症状的效果，无法阻止病情恶化 [4]。在这种背景下，可想而知，全世界患者

---

[4] https://www.alz.org/media/documents/fda-approved-treatments-alzheimers-ts.pdf

多么期待一款新药的上市。实际上，在美国药监局这次批准的背后，也能看到美国阿尔茨海默病患者组织的大力呐喊和支持的声音。

补充一下，2019 年 11 月，中国药监局也批准了一款阿尔茨海默病新药——甘露特纳胶囊——上市销售[5]。这款药物的上市，同样引发了巨大的争议。不少人同样认为，甘露特钠胶囊的临床试验证据不够充分，药物的开发者也有学术丑闻，等等。这件事，我在《巡山报告 02》里也有讨论，你可以参考（《巡山报告 02》第 152 页）。

现在，我个人的分析和判断仍然没什么变化。我理解科学界对两款药物临床试验数据的质疑，对药监局批准决定的挑战，但是我也同时认为，药物批准从来就不是，而且也不应该是纯粹基于科学的决策。考虑到阿尔茨海默病庞大无助的患者群体，考虑到这种疾病的病因仍然众说纷纭，摇摇欲坠的 Abeta 理论之后后继无人，新药研发找不到很好的切入点，我认为，两国药监局给两款新药开绿灯的决定无可厚非。

而且，我们也应该注意到，两国药监局对两款新药都给出了所谓"有条件批准"的约束，要求药物公司在上市后，继续追踪和分析药物的临床效果，将更大规模的数据提交审查，再决定是否维持药物上市的决定。我想，这种态度也是合理的。

但基于这个逻辑，我对阿杜卡马单抗的定价是完全无

---

5 https://www.medsci.cn/article/show_article.do?id=1b7b1822954e

法理解和接受的。

目前，两家公司给出的药物定价是极其高昂的，每年56000美元。有人计算过，这会给美国的联邦医疗保险带来每年60亿～290亿美元的沉重负担，直接把总医保开支提高50%。而要把美国医保搞破产的，居然还是个科学数据有点可疑的新药？

考虑到阿尔茨海默病巨大的未满足的临床需求和新药研发的困境，药监局支持新药上市，从某种程度上可以理解成是给药厂和患者双方"减负"的决定。给患者一个可选的治疗方案，也给在这个泥潭里挣扎太久的药厂一点财务上的回报。如果在上市后的大规模测试中果然有效，那么这点风险还是值得冒一下的。但是，如此高昂的定价，等于是让患者家庭和所有纳税人为一款尚未完全证明自己的药物买单，这就有点过分了吧？

我很期待看到在公众的压力下，美国药监局是否会做出积极回应。我个人比较期待的结果是，阿杜卡马单抗仍旧按期上市，但两家公司需要在价格上拿出诚意。毕竟，这是一次前所未有的、全体纳税人为两家私营公司买单，支持他们继续研发一款针对世界级疑难杂症的举动。两家公司也不应该把自己年报上的财务数字，作为唯一的考虑因素。

17 肥胖症新药华丽登场

2021 年 6 月 5 日，美国药监局批准了丹麦诺和诺德公司开发的司美格鲁肽（semaglutide）上市销售，用于治疗肥胖症，更具体地说，是身体质量指数（BMI）超过 30 的单纯肥胖患者，或者 BMI 超过 27，同时伴随一种体重相关的疾病——比如 2 型糖尿病——的患者。[1] 这是 2014 年来，美国药监局批准的首款肥胖症药物。

相比刚刚讨论的阿杜卡马单抗，司美格鲁肽收到的主要是支持意见。在减肥领域，这款药物的作用可以说是革命性的。以往上市的减肥药，大多只能减去 5% 的体重，而且效果很难持续，副作用也大。而司美格鲁肽，可以实现接近 20% 的减肥效果。

要知道，肥胖症已经是世界性的公共健康问题。美国有超过 50% 的成年人受到超重和肥胖问题的困扰。伴随着人类社会的发展，可想而知，会有越来越多的国家的人变富、变胖。越来越充足的食物供应，越来越少的体力劳动，还有深深嵌入人类基因的多吃、少动的本能，会让肥胖成

1　https://www.fda.gov/news-events/press-announcements/fda-approves-new-drug-treatment-chronic-weight-management-first-2014

为每个成年人可能都必须面对的人生挑战。而除了影响美观和生活，肥胖还会引发包括 2 型糖尿病、高血压、高血脂、多种癌症在内的许多疾病。在这种背景下，安全有效的减肥药对人类健康的价值是不言而喻的。

当然，我们要说明，司美格鲁肽并非横空出世，它属于一类名叫"胰高血糖素样肽-1"（英文简称 GLP-1）家族的药物。GLP-1 是一类人体消化系统自身分泌的蛋白质激素。在我们每次进食之后，小肠就会分泌 GLP-1 进入血液，促进胰岛素分泌，帮助食物的消化吸收，通知大脑降低食欲。简单来说，这是一个代表"饱足"状态的信号分子。

在药物开发中人们发现，人体天然合成的 GLP-1 半衰期太短，在短短几分钟内就会降解，而如果修改 GLP-1 的化学结构，增加它的作用时间，就能起到很好的降低血糖、治疗糖尿病的效果。

2010 年上市的诺和诺德公司的药物利拉鲁肽，2014 年上市的礼来公司的药物度拉糖肽，都属于同类药物。两者的全球销售额也都相当亮眼，在 2020 年分别达到了 30 亿美元和 50 亿美元。

而除了控制血糖，这几款药物也确实在实践中证明了自己还能有效抑制食欲、降低体重。其实说起来，作为代谢问题的研究者，我还在去年拿自己试验了一下这类药物的减肥效果，果然相当神奇。司美格鲁肽，其实在 2017 年就已经被批准用于 2 型糖尿病的治疗。你可以把它看成是诺和诺德公司对自己的药物利拉鲁肽的一次升级，从需要每天注射，进化到了每周注射一针即可，大大方便了患者的使用。

　　过去，尽管这几款药物被批准的正式用途是 2 型糖尿病，但有大批患者非正式地用它来减肥。到了 2021 年 6 月，司美格鲁肽被美国药监局正式批准可以用来治疗肥胖症。可以预测的是，在未来几年，上述几款药物大概率都会被用来治疗肥胖症，还有下一代针对 GLP-1 开发的药物也会陆续涌现出来。

　　我个人觉得，长久停滞不前，甚至还出了不少丑闻的肥胖领域，可能要来一次真正的革命了。

18 代谢和衰老研究的新突破

第一项研究发表于 2021 年 7 月 30 日的《科学》杂志[1]。来自美国宾州大学医学院的科学家们发现让老鼠过量表达一个名叫 TSLP（胸腺基质淋巴细胞生成素）的蛋白质，会让小鼠更不容易发胖，血脂降低、脂肪肝减轻、血糖改善。

一个蛋白能让老鼠减肥，这本身没什么奇怪的。但这项研究的独特发现在于，这些老鼠并没有少吃，也没有多消耗热量。研究者们注意到这些小鼠的皮毛总是油光发亮，越来越油腻，专门分析了毛发之后他们才意识到，这些小鼠之所以会减肥，是因为小鼠的皮脂腺分泌了大量的脂肪，通过这个途径把多余的热量排出了体外！这是一个从未被想到过的减肥新途径，传统上说到减肥，人们想到的无非是"管住嘴，迈开腿"，一条是少吃，一条是多运动多消耗。而这项研究提示我们，还有一个新思路也许可以考虑，那就是让多余的脂肪通过皮脂腺释放出来。这个思路有点像一大类降血糖药物——SGLT2 抑制剂——的作用机制。这类药物并不会主动干预人体的血糖调节，而是作用在肾脏，

---

1 RUTH CHOA, et al. "Thymic stromal lymphopoietin induces adipose loss through sebum hypersecretion," *Science*, 2021.

减弱肾脏回收血糖的能力，让多余的糖分干脆通过尿液排出体外。这类药物除了能够有效地降低血糖，近年来人们还发现它们对心血管疾病有很好的保护作用[2]。

另一项研究发表在同一期的《科学》杂志上。以色列希伯来大学的科学家们发现，小鼠在衰老过程中，一个负责促进血管新生的信号分子——血管内皮生长因子/VEGF——的浓度会持续降低。因此推测这个分子可能是驱动衰老的原因之一。他们反过来在小鼠肝脏里人为提高了VEGF 的活性，发现小鼠的年龄提高了差不多 40%。这是一个非常惊人的提升，相当于人类平均寿命从 80 岁提高到了 110 多岁[3]。相比之下，之前被广泛认为最有效的延长寿命的手段，饮食控制或者说节食，在小鼠模型里的延寿效果也不到 30%[4]。

重要的是，不光活得长，这些老鼠的整体健康情况也有了系统性的提升。比如内脏脂肪变得没那么多了、皮下脂肪变得没那么少了；肝脏、肌肉、骨骼、免疫系统都更年轻；得肿瘤的可能性也降低了。也许在未来，重塑血管系统会成为人类抵抗衰老、永葆青春的方向之一。

2 Darren K. McGuire, et al. "Association of SGLT2 Inhibitors with Cardiovascular and Kidney Outcomes in Patients with Type 2 Diabetes A Meta-analysis," *JAMA Cardiol*, 2020.

3 M. Grunewald, et al. "Counteracting age-related VEGF signaling insufficiency promotes healthy aging and extends life span," *Science*, 2021.

4 William R. Swindell, et al. "Dietary restriction in rats and mice: A meta-analysis and review of the evidence for genotype-dependent effects on lifespan," *Ageing Res Rev*, 2012.

19　新冠病毒溯源新进展

　　自 2019 年末至今，新冠病毒已经在人类世界快速传播了接近两年时间。正式确诊的感染人数已经突破两亿，实际感染人数可能更是数倍于此。在过去这 2 年时间里，围绕新冠病毒展开的科学研究也实实在在地取得了许多重要进展，包括新冠病毒本身的发现，新冠病毒生物学特征的描述，人体被感染后机体免疫反应的研究，临床治疗手段的规范化，等等。特别是在疫苗领域，更是在短短 1 年时间内开发出了几种效果相当不错的疫苗，并且为全世界超过 30 亿人进行了接种。这种反应速度是史无前例的。

　　但是在新冠病毒研究中，有一个非常重要的领域却一直没有取得特别理想的进展，那就是对新冠病毒源头的寻觅工作。当然，这个问题至少部分的要归咎于新冠溯源问题被高度政治化了，被少数国家操弄变成了吐口水、打黑枪的武器。但无论如何，从科学角度说，为了从源头上理解并遏制新冠病毒的传播，也为未来类似的病毒入侵做好准备，我们仍然都需要努力拨开新冠病毒传播链条上的重重迷雾。

　　在新冠疫情流行之初，中国科学家在鉴定出新冠病毒、测定了它的基因组序列之后，第一时间就通过基因组序列的比对，发现了几个新冠病毒的"近亲"，那是几种蝙蝠体内的冠状病毒。其中序列最为接近的是中科院武汉病毒所石正丽研究员 2013 年采集并测定的蝙蝠病毒 RaTG13，这是一种在云南省墨江通关镇的一个蝙蝠洞中发现的病毒，它和新冠病毒基因序列的相似程度超过了 96%。至今它都是人类发现的序列最为接近新冠病毒的天然病毒[1]。

这个发现本身的意义重大。蝙蝠是上千种病毒的天然宿主，其中很多病毒都具备入侵人类世界的潜在能力。21 世纪以来，2003 年暴发的 SARS 病毒疫情，2012 年暴发的 MERS 病毒疫情，其天然源头应该都是蝙蝠。从序列的相似程度来看，新冠病毒的天然源头是蝙蝠，这个结论应该是非常可靠的。[2]

但这里面也有一个问题。RaTG13 病毒的序列固然和新冠病毒高度相似，但在关键的刺突蛋白基因序列，特别是刺突蛋白的受体结合区域，相似程度却并不是很高。在病毒入侵人体细胞时，这个区域需要直接和人体细胞表面的 ACE2 蛋白质结合，两者丝丝入扣，才能进入人体细胞。这个区域差别比较大的话，RaTG13 病毒就不太可能直接感染人类了。事实上中国科学家也证明了，RaTG13 病毒和人体 ACE2 蛋白的结合能力很弱，也不太会感染实验室培养的人体细胞[3]。这样一来，RaTG13 病毒就不太可能是新

---

1 Peng Zhou, et al. "A pneumonia outbreak associated with a new coronavirus of probable bat origin," *Nature*, 2020.

2 Ben Hu. et al. "Bat origin of human coronaviruses," *Virology Journal*, 2015.

3 Kefang Liu, et al. "Binding and molecular basis of the bat coronavirus RaTG13 virus to ACE2 in humans and other species," *Cell*, 2021.

现代中国人从哪里来

冠病毒的直接源头。当时人们提出的一个比较有说服力的猜测是，也许在蝙蝠病毒和新冠病毒之间，还存在一种中间宿主动物。蝙蝠病毒需要先感染这种中间宿主动物，在它们的体内传播、变异和进化，然后才获得了入侵人类世界的能力。这也符合 SARS 病毒和 MERS 病毒的进化和传播规律。这两种病毒是分别以果子狸和骆驼这两种中间宿主为跳板进入人类世界的。

如果真是这样的话，那么找到新冠病毒的中间宿主就非常关键了。因为只有找到这种动物，我们才能真正理解病毒的进化规律和传播链条，并且彻底切断新冠病毒向人类世界的输入源头。但这项工作也没有取得明确的进展。人们已经发现了许多种动物确实能被新冠病毒感染，比如猫、狗、仓鼠、雪貂、猪、兔子、鹿等。但在这些案例里，更大的可能性是患病的人类把病毒传播给了这些动物，而不是相反。目前还没有发现哪种动物群体天然携带新冠病毒，并且能够持续地感染人。

中间宿主的挖掘工作肯定还需要继续。2021 年 9 月 17 日，来自法国巴斯德研究所、老挝巴斯德研究所和老挝国立大学的科研人员在预印本平台研究平台（Research Square）上提交了一篇论文[4]。他们在老挝北部的洞穴中捕捉了 600 多只蝙蝠，收集了 1500 多份蝙蝠的血液、唾液、排泄物样本，进行了冠状病毒测序。从中发现了多种和新冠病毒高度相

---

4 Sarah Temmam, et al. "Coronaviruses with a SARS-CoV-2-like receptor-binding domain allowing ACE2-mediated entry into human cells isolated from bats of Indochinese peninsula," *Research Square*, 2021.

似的蝙蝠冠状病毒。

　　值得注意的是，这些蝙蝠病毒整体的基因组序列并没有比 RaTG13 更接近新冠病毒，但它们刺突蛋白受体结合区域的相似度却大大高于 RaTG13。具体来说，新冠病毒刺突蛋白受体结合区域中，有一个由 17 个氨基酸组成的片段，和人体 ACE2 蛋白直接接触。RaTG13 病毒只有 11 个氨基酸相同，而新发现的蝙蝠病毒中，有两个病毒的相似程度高达 16/17，仅有一个氨基酸的差别。

　　如此之高的相似性，意味着这两种蝙蝠病毒也许可以直接感染人类了。实际上研究者们也证明，用这些蝙蝠病毒的刺突蛋白组装出假病毒颗粒，它们确实就可以感染表面携带了 ACE2 的人体细胞。与此同时，这种假病毒的入侵还能被人体产生的新冠病毒中和抗体所阻断。当然，这项研究毕竟不是直接测试活蝙蝠病毒感染人体或者猴子这样的模型，还不能做到板上钉钉地说明问题，但它确实提示了一个极大的可能性。这些新冠病毒的近亲，不需要中间宿主，就可以直接从蝙蝠传播到人类。如果有附近的居民或者游客进入过这些蝙蝠洞，和洞里的蝙蝠近距离接触，就可能带来一次跨物种的病毒传播。

　　这就为新冠病毒的可能来源提出了一个新的思路。也许这种病毒并不需要和 SARS 或 MERS 病毒那样借助中间宿主作为跳板，就可以一步进入人类世界。

　　当然，平心而论，问题还远没有到盖棺定论的时候。

　　首先我们很难马上判断新冠病毒就起源于老挝北部的山洞，它的直接祖先就是这几种蝙蝠体内的病毒。原因也很好理解，在世界上其他地方还生活着大量的蝙蝠，它们体内也存在大量不为人知的新病毒，不经过广泛的调查取证比较，我们实际上很难说到底哪里的蝙蝠体内的什么病毒才是新冠病毒最可能的祖先。

还有，即便这项研究确实提示了一个可能性，就是蝙蝠体内的某种病毒也许可以直接跨越物种屏障感染人类，我们也还有一个更麻烦的问题没解决。新冠病毒自 2019 年 12 月首次被发现进入人类世界以来，看起来在第一时间就具备了在人类世界的强大生存能力。它的传播能力很强，它的传播还有很强的隐匿性（特别是无症状感染者的大量存在），这都大大提高了疫情防控的难度。相比之下，SARS 和 MERS 病毒在开始人群传播后都还在持续进行高强度的基因变异，说明它们当时都还在逐渐适应人体的过程。从逻辑上说这有点不合常理，因为如果在此之前新冠病毒从未在人群中广泛传播，它这种强大的生存能力是如何进化出来的呢？

针对这个问题有一个阴谋论的解释：就是这种病毒是人工设计出来的。但其实恰恰相反，新冠病毒这种强大的人类世界生存能力，正好说明了它不可能是人工设计出来的。道理很简单：当前的人类科学根本没有掌握怎么设计出一种完美病毒。实际上在 2021 年 7 月 16 日，20 多位中国科学家联名发表的一篇评论文章，就是从这个点出发有力反驳新冠病毒人工制造的猜测的。[5]

这种现象最合理的解释是，2019 年 12 月应该不是新冠病毒第一次进入人体。在此之前它应该已经有多次小规模溢出到人类群体中的机会，并且在这种反复的尝试中逐渐进化出了适于人类世界传播的生物学特征。在此之后，它才在某一个人员密集、适合传播的场合突然暴发。这个解释也确实得到了一些零散数据的支持，比如在世界各地，在 2019 年 12 月新冠疫情首次大规模暴发之前，人们也陆续发现了不少疑似新冠病毒的血液样本。

从某种程度上说，搞清楚新冠病毒在首次大暴发之前，究竟经历了什么进化和传播过程，是一个比新冠病毒最初起源更重要的问题。考虑到自然界还潜伏着难以计数的未知病毒，它们当中一定有不少具备随时入侵人类世界、启动一场新的疫情的潜力。搞清楚新冠病毒的进化和传播规律，将会真正帮助我们更好地预测和预防下一次传染病大暴发。

---

5 Chung-I Wu, et al. "On the origin of SARS-CoV-2—The blind watchmaker argument," *Science China Life Sciences*, 2021.

20 针灸抗炎的神经生物学基础

在《巡山报告 02》中，我就为你介绍过一项相关的研究。当时，美国哈佛大学的马秋富实验室在《神经元》杂志发表了一篇论文。他们发现，用电针——就是用很细的电极插入小鼠身体特定部位并通电刺激，模拟针灸的效果——轻度刺激小鼠的足三里穴位（鼠后腿膝关节下面 4 毫米处的一个特定位置），能很好地控制小鼠身体的炎症反应，减轻小鼠的败血症病情，把患病小鼠的死亡率降低 2/3。他们进一步证明，这种效果是通过刺激迷走神经系统，影响肾上腺分泌多巴胺等神经信号分子，起到降低炎症反应的作用。相比之下，用电针方法刺激小鼠腹部的另一个穴位天枢穴，虽然也能降低炎症反应，但不管是刺激强度、刺激时间还是作用机制，都和刺激足三里穴完全不同。[1]

当时我们提到，这项研究固然还无法帮助我们彻底搞清针灸的道理，但很可能为我们解释传统医学中"穴位"这一重要概念打开了大门。比如，在传统医学中，人们定义足三里这个穴位需要一套模糊的描述方式，叫"犊鼻下

---

[1] Shenbin Liu, et al. "Somatotopic Organization and Intensity Dependence in Driving Distinct NPY-Expressing Sympathetic Pathways by Electroacupuncture," *Neuron*, 2020.

3寸，犊鼻与解溪连线上"，大概就是膝盖外侧下四根手指宽度的地方。这种描述方法当然既不精确也不定量。但根据上述研究，也许足三里就可以这么定义了：它的位置在膝盖外侧下方，如果你在正确的位置用电针加以刺激，能够激活迷走神经和肾上腺。这样我们就可以通过效果倒推出这个穴位的精确位置，并进一步研究它到底是通过什么方式实现这个效果的。

而真正想要这么做，研究者们还有一个重要的问题没搞清楚，一个关键的认知缺环没连上。那就是对足三里位置的刺激为什么就能激活迷走神经，而刺激天枢位置就不行。迷走神经虽然是人体12对脑神经当中长度最长、分布最广的一种，但它也并不直接伸展到人的四肢。那么想要从上述研究出发给穴位下一个更科学的定义，研究者们需要搞清楚足三里和迷走神经之间的关系。

在2021年10月28日，来自同一实验室的一篇论文发表在《自然》杂志上，把这个缺环很漂亮地补上了[2]。

研究者们首先猜测，对足三里位置的刺激想要影响迷走神经的活动，需要一群神经细胞作为中介，这种神经细胞应该能够检测到对腿部特定部位的刺激，还能把刺激信号传输进入大脑，在那里和迷走神经完成信息的"接力"。恰好在2013年，同一实验室曾经发现过这么一群符合条件的细胞，这些神经细胞共同表达一个分子标记Prokr2，细

---

2 Shebin Liu, et al. "A neuroanatomical basis for electroacupuncture to drive the vagal–adrenal axis," *Nature*, 2021.

胞核位于老鼠脊髓，和小鼠的脑部有畅通的通信方式；而负责收集信号的神经末梢可以伸展到老鼠腿部[3]。因此研究者们就选择从这群神经元入手展开研究。

他们首先用基因工程学的方法制备了能够稳定标记 Prokr2+ 神经细胞的小鼠，并且进一步证明这群神经细胞位于小鼠脊髓外侧部位的背根神经节区域。而这群细胞的神经末梢密集地出现在小腿深处的筋膜组织附近，比如骨骼肌筋膜、骨外膜、关节韧带、胫骨和腓骨之间的区域等。相反，在腹部，也就是天枢穴所在的区域，却没有看到这群神经细胞的末梢。这么看的话，这群 Prokr2+ 神经细胞，确实有可能是区分足三里穴和天枢穴的关键所在。

为了进一步证明这一点，研究者们又做了下面两件事。一方面，他们用遗传学方法杀死了这群 Prokr2+ 神经细胞，然后发现针灸抗炎症的效果基本消失了。电针刺激足三里位置无法引起各种抗炎激素，包括去甲肾上腺素、肾上腺素和多巴胺的释放；无法降低血液中炎症因子，比如肿瘤坏死因子和白介素 6 的水平；更无法挽救败血症小鼠的生命。

另一方面，他们又用光遗传学的方法绕过电针的物理刺激，用蓝光远程激活同一群神经细胞。这样做的好处是可以绕过电针刺激可能会产生的物理伤害，直接看 Prokr2+ 神经细胞的活动能不能模拟足三里针灸的效果。结果果然

---

3 Fu-Chia Yang, et al. "Genetic Control of the Segregation of Pain-Related Sensory Neurons Innervating the Cutaneous versus Deep Tissues, " *Cell Reports*, 2013.

如此，激活 Prokr2+ 神经细胞就可以模拟出刺激肾上腺、降低炎症因子、治疗败血症的效果。

这两个实验证明，针灸足三里治疗败血症的作用，完全依赖于对这群 Prokr2+ 神经细胞的刺激。

我们再试着总结一下这项研究的发现：电针刺激足三里穴位，能够激活该穴位下方筋膜组织里的 Prokr2+ 神经末梢；这群位于脊髓的神经细胞被激活后，将信号沿脊髓向上传输到大脑中，激活迷走神经，之后再通过迷走神经末梢激活肾上腺，释放包括去甲肾上腺素、肾上腺素、多巴胺在内的激素分子，释放进入血液，起到减轻全身炎症反应，治疗败血症的效果。

接下来到了可能是最关键的地方：既然如此，我们是不是可以用 Prokr2+ 神经末梢的位置来给包括足三里在内的穴位一个更客观和精确的定义呢？

也许这么说会更明白一点。如果上面我们的推测正确，那么我们会看到这样的结果：一个给定的身体位置，如果筋膜组织里存在 Prokr2+ 神经末梢，那它就可能是一个能够抗炎症的"穴位"，反之就不行。

结果也确实如此。哪怕是同一个足三里穴位，只刺激浅层的表皮，或者把负责传输筋膜组织刺激信号的神经纤维剪断，让针刺的信号无法传输到脊髓，那穴位的抗炎效果就没有了。把刺激部位改到小腿后侧的承筋穴位置，小腿腓肠肌位置，或者大腿半腱肌位置，也没有看到抗炎效果。这些区域的共同点就是，它们都没有什么 Prokr2+ 神经末梢。相反，研究者们测试了一个距离足三里很远，但是也有大量 Prokr2+ 神经末梢的穴位——小鼠前肢的手三里穴，就能看到类似足三里的疗效。这也就是说，至少针对针灸抗炎症这个治疗目标，Prokr2+ 神经末梢的分布提供了一个预测性很好的生物学标志。

这项研究的内容我就给你介绍完了。但我想再强调一次：这项研究的意义，还不光是为针灸足三里的疗效提供了一个生物学解释，更在于它为如何定义穴位、研究穴位、进一步探索针灸的医学价值，提供了一个入口。

我们知道，传统针灸技艺的核心就在于，用很细的针精确刺激人体表面的某些部位，能够对相距遥远的人体其他器官，甚至是人体的整体生理状态产生显著影响。我们就拿金庸武侠小说里的故事来举个例子。在《倚天屠龙记》里，张无忌为了给常遇春治疗截心掌的伤，首先针灸的是关元穴。胸口受了伤，治疗却要从肚脐下方的穴位入手，这当然只是武侠戏说，但却很好地抓住了针灸技艺的特点。

但想要解释这种远程性和系统性的作用，在现代生物学的范畴里，我们能找到的东西主要也就是这么五样：神经、内分泌、情绪、免疫、代谢。说得更具体一点，人体的神经末梢遍布全身，而激素信号一旦进入人体循环系统，当然也可以对人体产生远程和系统性的作用。在这些系统性的作用中，情绪状态，比如开心和抑郁、清醒和困乏；免疫状态，比如我们常说的抵抗力、免疫力；还有代谢状态，比如饥饿和饱足、运动和静止，这些变化又是和健康密切相关的。从这个角度看，针灸的作用，很可能就是刺激其中一个系统（比如神经系统），对其他系统（比如内分泌系统）产生影响，从而对健康和疾病状态（比如炎症反应和败血症）产生干预。

顺着这个逻辑推演，我们也许会开辟一条走向系统医学的新路。我们知道，包括咱们中医在内，世界各国传统医学的基本观念都是把人体看成一个复杂系统，把疾病看成是系统某些状态的失灵，然后通过某种方式干预系统使之回归正轨。在现代科学出现以后，这套理念逐渐被还原主义取代。今天人们谈起人体、谈起疾病，更自然的方式是把人体看成一架精密的机器，把疾病看成是机器某个特定部件的失灵，做法则是找到这个失灵部件，尽可能精确地修复或者替换它。

请注意，这两套观念本身谈不上谁对谁错，关键在于谁对认知和治疗疾病提供了更有价值的信息。在过去 100 多年时间里，当然是后面这套方法展现出了前所未有的力量和价值。但这次我们讨论的研究，为两者的结合找到了一个非常精妙的切入点。也许我们把现代生物学与传统医学相结合，把传统医学中正确的实践经验和理论，重新加以解释。可能不光是一个穴位的作用得到解释，经络、针灸，甚至是阴阳、气血这些传统医学概念，都有可能重新焕发生命力。

21   1型糖尿病的干细胞疗法

2021 年 10 月 18 日，总部位于美国波士顿的制药公司福泰制药（Vertex Pharmaceuticals）宣布，他们开发的一种干细胞疗法 VX-880，在治疗 1 型糖尿病患者的临床试验中取得了很好的效果。在接受注射 90 天后，一名患者的身体恢复了胰岛素生产，并且每天使用的胰岛素药物剂量降低了 91%。这为人类彻底治愈 1 型糖尿病提供了重大希望[1]。

想要说明这个进展的意义，我们得先从 1 型糖尿病本身说起。在全球接近 5 亿名糖尿病患者中，1 型糖尿病是相对小众的类型，占比不到 10%。1 型糖尿病是一种自身免疫疾病，发病的原因至今还不完全清楚，这些患者的免疫细胞会攻击自身身体当中专门生产胰岛素的胰岛 Beta 细胞，毁灭这些细胞，也因此基本消除了这些患者的身体生产胰岛素的能力。这样一来，这些患者无法利用胰岛素来控制自身的血糖水平，不加治疗的话会很快陷入致命的高血糖和酮症酸中毒。在胰岛素被发现和用于治疗之前，1 型糖尿病患者从发病到死亡一般不超过 3 年。

---

1 https://investors.vrtx.com/news-releases/news-release-details/vertex-announces-positive-day-90-data-first-patient-phase-12

1921 年，加拿大医生弗雷德里克·班廷（Frederick Banting）和他的同事们首次从动物体内纯化了胰岛素这个分子。1922 年初，胰岛素被首次用于 1 型糖尿病患者的治疗，并取得了惊人的效果。从那时候到现在，100 年的时间内，胰岛素注射是 1 型糖尿病患者唯一的有效药物，成功地挽救了数以千万的生命，也把 1 型糖尿病患者的寿命提高到接近健康人的水平。

但无论如何，每天几次注射胰岛素来维持血糖，一打就是一辈子，同时还得密切关注自己的饮食和血糖情况，这对于任何一个 1 型糖尿病患者来说都是沉重的生活负担。而且胰岛素万一注射过量，还容易引起致命的低血糖。有报道说有 5%～10% 的 1 型糖尿病患者其实是死于胰岛素过量引起的低血糖！

那有没有办法开发新疗法，彻底治愈 1 型糖尿病，摆脱对胰岛素的长期依赖呢？

在《巡山报告 01》中，我为你介绍过这方面一个很有希望的预防性疗法。研究者们在一项小规模的临床研究中发现，给 1 型糖尿病的高危人群连续 14 天注射一种抗体药物（teplizumab）就能将疾病的发作推迟 2 年，发病率降低 50%。这项研究发表于 2019 年 6 月 9 日的《新英格兰医学杂志》[2]。

但这项疗法只适合于那些因为家族遗传原因很容易患

2　Kevan C. Herold, et al. "An Anti-CD3 Antibody, Teplizumab, in Relatives at Risk for Type 1 Diabetes," *The New England Journal of Medicine*, 2019.

1 型糖尿病，但还没有发病的人。因为这项疗法的核心在于用药物阻止人体免疫系统错误地攻击胰岛 Beta 细胞。患者一旦已经发病，再用这个方法就不行了。

一个可能的思路是，用干细胞制造人工胰岛细胞，把人工胰岛植入人体，让它们代替已经被破坏的胰岛 Beta 细胞，重新生产胰岛素。

2014 年，这个思路在小鼠模型中取得了重大突破。哈佛大学道格拉斯·弥尔顿（Douglas Melton）实验室在《细胞》杂志发表论文，介绍了制造人工胰岛的办法。他们利用人体胚胎干细胞，或者人为诱导的干细胞，在培养皿里持续培养差不多 1 个月，其间利用各种化学物质的组合塑造特定的培养环境，最终成功地将这些干细胞诱导成为能够分泌胰岛素的 Beta 细胞。他们将这些人工定制的 Beta 细胞移植到小鼠的肾脏部位，发现这些细胞可以稳定地在那里存活，并且正常发挥功能，响应血糖波动释放胰岛素。[3]

在同一年，这项技术被福泰制药收购，并开始积极探索人体的应用。2021 年 10 月，福泰制药宣布了第一名接受该疗法治疗的患者的情况。这名患者在人约 40 年前患上 1 型糖尿病，并持续用胰岛素治疗至今。但在开始干细胞治疗之前，他在 1 年内就遭遇了 5 次严重的低血糖，这可能也是他愿意接受干细胞治疗的原因之一。

在接受人工胰岛细胞注射 90 天之后，这名患者体内的

---

3 Hui Wang, et al. "Generation of Functional Human Pancreatic β Cells In Vitro," *Felicia W. Pagliuca*, 2014.

胰岛素合成能力得到了基本的恢复，尽管仍然需要接受胰岛素注射，但注射剂量已经从每天 34 个单位下降到不到 3 个单位。

接下来这名患者是不是能够彻底摆脱胰岛素依赖，干细胞治疗一次能管多久，是不是足够安全，是不是能有更多的患者在这项研究中受益，都是值得我们特别关注的问题。另外我也要提醒你注意，这名患者仍然需要接受抑制免疫功能的药物，防止他自身的免疫细胞把新移植的胰岛细胞再次杀死，这个技术问题未来估计也得想办法解决。但无论如何，这个全新的临床进展指向了一个激动人心的可能性：困扰人类数千年的不治之症 1 型糖尿病，已经看到了被彻底治愈的曙光。

现代中国人从哪里来

22

肠道菌群和自闭症

　　即便你是生物学的门外汉，你大概也对"肠道菌群"这个概念并不陌生。在过去 20 年里，这个概念已经深入生物学的各个分支中，隐约已经有点揭竿而起颠覆许多传统认知的架势了。只是这一次，它自己反倒成了可能被颠覆的对象。

　　具体来说，肠道菌群这个概念指的是在动物体消化系统内寄生的微生物群体的总和。在传统生物学范畴里，这是一群长期被忽视的生物体。人们往往默认它们无非是动物体内无关紧要甚至有害、从宿主身体偷取营养的寄生生物而已。但从 21 世纪初开始，人们逐渐意识到这群由成百上千个微生物物种构成、总数量远超过宿主细胞总数的生物世界，对宿主的很多特征都有影响，比如宿主免疫系统的正常发育、宿主自身免疫疾病的发病，等等[1]。

　　反过来，如果用抗生素强行杀死宿主体内的肠道菌群，往往会对宿主的健康产生不利的影响。

　　说到这里似乎还好理解，毕竟那是一大群宿主体内的

---

1 Round JL, et al. "The gut microbiota shapes intestinal immune responses during health and disease," *Nat Rev Immunol*, 2009.

寄生细菌，宿主的免疫系统当然要对此产生反应，因此影响了免疫相关的功能还是顺理成章的。但再往后，人们逐渐发现，肠道菌群似乎还能对宿主的大脑功能和行为输出产生明显的影响。甚至有人开始提出也许肠道菌群是宿主动物的第二个大脑。说得极端一点，也许我们此时此刻的喜怒哀乐，想吃什么想干什么，在很大程度上根本不是我们自己想要的，而是我们肚子里的细菌想要的[2]！

当然这听起来就有点耸人听闻的意思了，但也确确实实有不少证据支持。研究最为充分的可能是自闭症和肠道菌群的关系了。人们发现，自闭症患者也好，自闭症老鼠也好，肠道内微生物的成分确实和健康人和健康鼠有所不同。这个发现在世界很多地方的自闭症人群中都得到了验证。

更重要的是两者似乎还有因果关系。人们还发现如果把自闭症老鼠的肠道菌群移植给健康鼠，甚至把自闭症患者的肠道菌群移植给健康鼠，就能让后者患上自闭症；反过来，如果把健康鼠的肠道菌群移植给自闭症老鼠，还能为后者治病[3]！甚至只要老鼠妈妈的肠道菌群出现紊乱，

2 Morais LH, et al. "The gut microbiota-brain axis in behaviour and brain disorders," *Nat Rev Microbiol*, 2021.

3 Hsiao EY, et al. "Mazmanian SK. Microbiota modulate behavioral and physiological abnormalities associated with neurodevelopmental disorders," *Cell*, 2013.
Sharon G, et al. "Human Gut Microbiota from Autism Spectrum Disorder Promote Behavioral Symptoms in Mice," *Cell*, 2019.

现代中国人从哪里来

就有可能让孩子患上自闭症[4]。针对抑郁、焦虑、精神分裂症群体，人们也有过类似的发现。

沿着这个思路推演下去，已经有不少人严肃计划用干预肠道菌群的方式来治疗自闭症儿童了。但就在 2021 年 11 月 24 日，发表在《细胞》杂志的一篇论文，却唱了一个大大的反调。

这项研究的声明很简单：肠道菌群和自闭症的因果关系被搞反了，不是肠道菌群紊乱导致了自闭症，而是自闭症导致了肠道菌群的紊乱——具体原因则可能是自闭症患者的饮食习惯出现了异常[5]。

简单来说，研究者们找来了 247 位儿童，研究了他们的肠道菌群特征。这 247 人中有 99 个自闭症患者，51 个自闭症患者的健康兄弟姐妹，97 个与患者无关的健康儿童。除了分析肠道菌群的信息之外，研究者们还加入了更多更深入的分析维度，包括这些孩子的性别、年龄、身高、体重、行为习惯，等等，特别是这些儿童的饮食习惯。这些新数据的加入让分析变得更全面和彻底了。

研究者们发现，肠道菌群的差异和自闭症之间的关联很弱，反而是饮食和自闭症的关系更加明确。如果一个孩子的食谱比较单调，他 / 她就更可能是自闭症患者，反之亦然。这个关系倒也是可预料的，因为自闭症患者往往会

4　Kim S,et al. "Maternal gut bacteria promote neurodevelopmental abnormalities in mouse offspring," *Nature*, 2017.

5　Chloe X. Yap, et al. "Autism-related dietary preferences mediate autism-gut microbiome associations," *Cell*, 2021.

出现重复的刻板行为，感觉统合能力也比较差，因此确实会比较常出现较差的饮食习惯，比如总吃那么一两种食物，或不太愿意吃肉，没吃多少就不愿意再吃了，等等。

更有意思的是，当研究者们建立了饮食和自闭之间的关联之后，他们马上想到，也许这个关系也能解释之前人们发现的自闭症和肠道菌群的关系：自闭症患者饮食习惯较差，所以才导致了他们体内的肠道菌群的紊乱。他们也确实发现孩子的饮食习惯和肠道菌群紊乱之间有很强的关系——不管他们有没有自闭症都是如此。

这样一来一个更大的可能性就出现了：不是肠道菌群紊乱直接导致了自闭症，而是自闭症患者出现了明显的饮食习惯问题，而饮食习惯再间接导致了肠道菌群的紊乱。

说得更通俗一点就是，如果一个自闭症患者或者健康孩子确实出现了饮食习惯的问题，那么他的肠道菌群就更可能紊乱；反过来，如果一个自闭症患者或者健康孩子没有什么饮食习惯的问题，那他的肠道菌群也更正常。只是因为自闭症患者更容易出现饮食习惯的问题，所以他们才更容易出现肠道菌群紊乱的问题罢了。这样一来，自闭症和肠道菌群的关联自然就会比较微弱，因为两者之间还有一个饮食习惯作为中间变量呢。

当然，平心而论，这项研究本身也不足以彻底推翻人们之前所有的研究结论。一个还没完全搞清楚的问题，就是肠道菌群的异常和自闭症患者之间，到底有没有什么关联。这个话题，领域内还有不少相互矛盾的结论，有的说有关，有的说无关，而且到底和肠道菌群的哪些指标有关系，是细菌的多样性，还是某些特殊菌种的丰度差异，都存在不少不一致的地方。我们也不能因为看到一项研究说两者关系不大，就直接推翻之前所有说它们两者确实有关系的那些研究。想要回答这个问题，我们还需要更大规模和更细致的人群调查。毕竟影响人类生活的变量非常多，很可能在不同国家、不同地区、不同文化、不同经济水平、不同年龄的患者当中，自闭症和肠道菌群的关系也是不一样的。

还有更重要的是，从上面的描述里你也能看出来，这项研究的基本方法是分析人群各项指标之间的相关性强弱，然后间接推测到底谁和谁有因果关系。这种分析很有用，但还不能完全替代直截了当的因果关系研究。比如，如果这项研究的结论是对的，那么不管在小鼠里还是在人群里，移植肠道菌群就根本不可能治疗自闭症，相反人为的干预自闭症患者的饮食习惯就有可能起到一定的作用。那么真实情况到底如何，可能还需要更多的动物和人体试验来帮助我们直接搞清楚。

但无论如何，这项研究还是很严肃地给我们提了个醒。生物体是一个非常复杂的系统，各种要素之间存在密如织网的联系，想要确认两个因素之间是否存在因果关系，是一个挺不容易的任务。如果这个因果关系还会直接影响我们对疾病的理解和治疗，那就更需要特别谨慎小心才行。

23　新型工具治疗遗传疾病

　　基因治疗这个概念我们在《巡山报告》里面也没少涉及，它往往和遗传病这个概念成对出现。所谓遗传病，指的是人体基因组 DNA 上特定位置出现变异，破坏了特定基因的功能所导致的疾病。这类疾病往往从出生时就携带致病基因变异，可能来自父母双方，也可能是在胚胎发育过程中随机形成的。我们很熟悉的红绿色盲、血友病、地中海贫血症都是这样的遗传疾病。既然疾病是基因的错误引起的，引入正常基因，或者修复错误的基因，就天然成为治疗这类疾病的好手段——而这就是基因治疗的概念。

　　而根据遗传病的发病特点，基因治疗也有几个不同方向的思路。比如，有些疾病是由于正常基因序列被破坏引起的，那么基因治疗的思路就可能是给人体细胞引入一个新的基因。比如人类历史上最早尝试的基因治疗，是针对 ADA 基因（腺苷脱氨酶）缺陷引起的免疫系统障碍，医生们从患者体内抽取免疫细胞，将一个序列正常的 ADA 基因插入这些细胞的基因组当中，再将免疫细胞输回体内。再比如，也有一些遗传病是因为正常基因过度活跃导致的，这时候治疗思路就是引入工具破坏或者抑制这些过度活跃的基因。我们在之前的《巡山报告》中提到过一家名叫奥尼兰姆（Alnylam）的公司，它就专门利用一种叫作 RNAi 的技术设计药物，干扰这些过度活跃基因的表达。在 2018 年，这家公司的第一款药物 Onpattro 获批上市，针对淀粉样变性（hATTR）这类遗传疾病使用 [1]。除了简单地增强或者减弱，基因疗法还有一些更复杂的应用。举一个例子，我们曾提到过地中海贫血症的基因治疗。在 2019 年，美国有两个针对地中海贫血症的基因编辑药物进入人体临床试验，它们分别是圣加蒙公司主导的 ST-400 [2] 和 CRISPR Therapeutics 主导的 CTX001 [3]。两个研究采用了不同的基因编辑技术路线，但是思路大同小异。它们并不是直接影响地中海贫血症的缺陷基因（alpha 或者 beta 珠蛋白），而是通过基因编辑操作启动了另一个在成年人体内没有活性的 gamma 珠蛋白基因，起到了补救效果。

　　而这次我们要讨论的，是基因治疗一个更有技术挑战的应用，针对的是一类特殊的遗传疾病，在这类疾病中，基因缺陷是由一类特殊的基因变异，无义突变所引起的。

　　先来解释一下无义突变这个概念。你应该知道在正常的基因序列中，三个相邻的碱基组成一个所谓的密码子，对应蛋白质序列中一个特定的氨基酸。比如 GAA 三碱基

1 https://www.biospace.com/article/alnylam-receives-fda-approval-for-first-ever-rna-interference-therapeutic/

2 https://www.genengnews.com/news/sangamo-sanofi-show-positive-early-data-for-scd-gene-edited-cell-therapy/

3 Haydar Frangoul, et al. "CRISPR-Cas9 Gene Editing for Sickle Cell Disease and β-Thalassemia," *The New England Journal of Medicine*, 2021.

对应的就是谷氨酸。DNA 依靠这种简单的方式指导细胞内蛋白质的生产。而除了对应 20 种氨基酸的身份之外，还有几个三碱基密码子对应的是终止信号，当蛋白质生产到这里就知道该停下来了，确保蛋白质不会无休止地延伸下去，这些就是所谓的终止密码子，也就是无义密码子（UAA UAG UGA）。每一个基因的末尾都会有这样的无义密码子来终止蛋白质合成的过程。

而在大约 10% 的遗传疾病中，基因内部本来代表某个特定氨基酸的密码子发生了变异，变成了无义密码子，而结果就是虽然可能仅仅只有一两个碱基的偏差，但蛋白质合成却受到了剧烈的干扰，因为蛋白质生产过程会在不该停下来的地方就提前停了下来。这会导致细胞内出现一堆半截长短没有作用的蛋白质，或者更恶劣的，是还会干扰正常功能的半截蛋白质。这就是无义突变的概念了。

这次我们要讨论的研究，用了一个巧妙的思路解决了这个问题。

这里要再铺垫一点背景知识。在指导蛋白质合成的时候，一种名叫 tRNA（转运 RNA）的分子起到了桥梁的作用。它的分子结构很有趣，一头可以识别 RNA 序列上的三碱基密码子，另一头则可以携带一个特定的氨基酸，比如刚刚我们提到的 GAA 对应谷氨酸，就相应地存在一头识别 GAA，一头装载谷氨酸的 tRNA 分子。这样一来它就可以根据 RNA 序列把一个个特定的氨基酸搬运过来组装在一起形成完整的蛋白质链条。而终止密码子是没有对应的 tRNA 的。

因此，想要跨越不该出现的终止密码子，研究者们的思路是，专门设计一种人工的 tRNA，让它一头识别终止密码子，一头携带一个正常的氨基酸。如果把这种 tRNA 放入患者细胞内，当患者的细胞在制造出了问题的蛋白质、遭遇错误出现的终止密码子的时候，这种人工 tRNA 就会搬运一个氨基酸上去，让生产流程能够持续向下，保证完整蛋白质链条的生产过程不会半途而废[4]。

在 2022 年 3 月 23 日，美国麻省大学的科学家们在《自然》杂志发表论文，第一次在动物模型里测试了这个技术的有效性[5]。他们首先开发了一系列人工 tRNA，可以把终止密码子读取成各种不同的氨基酸。然后他们还把这些 tRNA 的序列装进了一种人工改造的病毒——重组腺相关病毒内部。这样一来，通过病毒感染，他们就可以把这条工具投送到动物体内的不同细胞中。

研究者们选用了一种罕见遗传病——黏多糖贮积症——作为研究对象。在这些患者体内，IDUA 基因内部出现了不该出现的终止密码子，导致 α-L-艾杜糖醛酸酶缺乏，多糖过度累积，引起包括头部异常增大、发育障碍、腹泻和攻击性行为等在内的许多问题。研究者们用携带基因治疗工具的病毒感染携带类似基因变异的小鼠，将人工 tRNA 投送到小鼠细胞内，结果发现，小鼠多个器官都恢复了部分 IDUA 基因的正常功能，多糖累积现象显著降低，

---

4 John D. Lueck, et al. "Engineered transfer RNAs for suppression of premature termination codons," *Nat Commun*, 2019.

5 Jiaming Wang, et al. "AAV-delivered suppressor tRNA overcomes a nonsense mutation in mice," *Nature*, 2022.

而且效果还能持续半年以上。根据这些数据可以判断，这种基因治疗工具确实能够跨越无义突变带来的遗传缺陷。

关于这项研究，还有一正一反两个要害值得多说几句。我们已经知道有大量遗传疾病都是这种无义突变引起的，它们具体所在的基因位置不同，影响的生物学功能不同，但从原理上说，上述这种工具可以无差别的用于这些疾病的治疗——因为反正都是需要跨越无义突变，保证蛋白质链条能够持续生产嘛。也就是说，这项研究找到的，可能是一种能够用于多种遗传病治疗的广谱工具。

但与此同时，这项技术潜在的问题也在这里。我们已经知道，每个正常基因的末尾也同样会有终止密码子来终止蛋白质的组装过程。而这类 tRNA 工具其实是无差别跨越所有终止密码子、持续蛋白质生产的。既然如此，它是不是会把所有正常的蛋白质都给变得异常的长，彻底扰乱细胞的正常生活呢？这个可能性是无法完全排除的。但研究者们仔细分析了细胞内其他蛋白质的生产过程，发现正常蛋白质被人为变长的概率并不高，这可能是因为在正常基因的末尾，终止信号会有好多个，不完全依靠单一的终止密码子起作用。但无论如何，这仍然是一个值得高度关注的问题。

学界动态

24

利用民间力量支持原创科研，
生物医学峰基金正式启动

2021 年 6 月 中 旬， 生 物 医 学 峰 基 金（The Feng Foundation of Biomedical Research）的第一次学术年会在北京延庆正式举行。受到峰基金研究项目资助的首批科学家、峰基金科学顾问、峰基金出资人等近 30 人相聚一堂，分享最新科研成果，讨论基金发展规划。以此为标志，这支年轻的公益科学基金正式扬帆起航，开启了中国民间资金支持本土原创研究的全新尝试。

在这里，作为峰基金的管理人，我谨代表峰基金的出资人、科学顾问、受资助科学家，向你简单汇报一下峰基金的由来、使命和未来愿景。

其实，建立峰基金的想法酝酿于 2020 年初。在新冠疫情全球肆虐的这段时间，关于生物医学研究，关于中国本土的科学事业，我们产生了这样一些朴素的看法：

- 当下的世界，正处于百年未有之大变局，而新冠疫情将会加剧这种变化。人类世界的政治版图、经济活动、思想潮流，都在发生深刻和影响深远的变化，科学技术也不例外。
- 我们中国正在经历快速的复兴和崛起。崛起中的中国，不仅需要繁荣的商业活动、先进的工程实力、丰富的精神文化生活，也需要世界一流的科学研究。

- 在过去的二三十年中，中国科学的发展速度有目共睹，但也存在一些明显的短板。特别是从 0 到 1 的原创性研究成果仍然相对缺乏，有开创性创新潜力的科学家还未达到足够的数量。

- 在生物医学领域，不管是解决困扰中国人民的医疗健康难题，发展中国的生物技术产业，还是领导生命科学领域的下一次科学革命，都需要更多本土的原创性科学研究，更多在国内工作的一流科学家。

- 为了促成这些原创性生物医学研究和一流科学家的出现，在传统的政府经费之外，民间力量因为决策机制灵活、对自由探索和失败的高容忍度，能发挥补充和支持的作用。

相应的，在未来，峰基金的工作是否可以称得上成功，我们认为可以从下面三个维度进行衡量：

- 在"人"的维度上，峰基金是不是能够识别出一批有强烈的科学家精神，习惯且乐于在黑暗中坚持探索，以拓展人类认知边界为己任的科学家，并且对他们的研究给予长期支持？

- 在"成果"的维度上，峰基金是不是可以真正孵育出一批具有一流科学价值（乃至可以颠覆传统认知）、一流应用价值（有望应用于疾病的预防、诊断和治疗）的科研成果？

- 在"文化"的维度上，峰基金是不是能够在内部营造出一个科学家们勇敢探索、自由交流、相互激励的微观环境，进而影响和激励更多的科学家？

峰基金的治理机制非常简单灵活，由两位分别拥有科学研究背景和风险投资背景的管理人（我本人和凯风创投的管理合伙人黄昕博士），以及四位在生物医学领域声名卓著的科学顾问（中国科学院院士、北京生命科学研究所学术副所长邵峰博士，清华大学教授、北京脑科学与类脑研究中心主任罗敏敏博士，北京大学教授、生物医学前沿创新中心副主任黄岩谊博士，美国贝勒医学院教授、霍华德·休斯医学研究所研究员王萌博士）组成。我们会共同把关，遴选和评估科学项目，设计和组织峰基金的科学活动。

在过去 20 年里，随着国家的持续投入，中国的生物医学研究已经取得了长足的进步。中国本土的科学家已经能越来越多地在国际一流学术期刊上发表论文，越来越多地受邀参与国际重要的学术会议。以北京生命科学研究所、北大-清华生命科学联合中心为代表，一批国际一流的学术机构也在逐渐建立起自己的学术声誉。在产业界，我们也看到，中国本土的医药研发工作正在从完全的模仿跟随，逐步进化到有属于自己的原创性药物、诊断、医疗器械成果。

但是，我们仍然认为，国内现有的生物医学研究仍然有不少短板需要补齐。我们期待，峰基金的建立，能够在传统的政府科研项目的支持方式之外，对中国本土的原创科学研究提供有意义的补充。

特别值得注意的是，在对中青年科技工作者的支持方面，在对源头创新、有颠覆潜力的研究的支持方面，在经费使用的灵活性、自由度上面，在对学术交流、学术合作、科学教育、科学传播的支持方面，民间力量也许能够提供有效的辅助和补充。

因此，我们计划在未来 5 ~ 10 年内，在国内遴选 50 ~ 100 名从事原创生物医学研究、充满科学探索精神的中青年科学工作者，为他们提供每 5 年 500 万元人民币的研究资助。每 5 年的项目资助到期后，峰基金会组织客观严肃的科学评审，顺利通过评审的科学家可获得下一期资金支持。

2020—2021 年这段时间里，我们经过广泛的考察和审慎的遴选，已经决定了第一批资助项目。入选的三位科学家分别是：

● 李毓龙，北京大学生命科学学院教授，麦戈文脑研究所研究员；

● 薛天，中国科学技术大学生命科学学院教授；

● 袁静，首都儿科研究所研究员。

其实，熟悉《巡山报告》的你可能有印象，我们曾经讨论过上面三位科学家的一小部分科学成就。包括李毓龙教授开发的神经探针、薛天教授研究的夜视功能小鼠，以及袁静研究员探索的肠道细菌和脂肪肝之间的关系。未来，相信会有更多峰基金资助的科学项目进入《巡山报告》。

特别要强调的是，从一开始我们就明确，峰基金的资助将是纯粹公益性、不附加任何商业利益的。我们希望利用我们微薄的力量，为中国的一部分生命科学研究者提供更有力的研究支持，帮助他们更好地开展从 0 到 1 的原创研究。为了这个目的，我们在资助项目的设计上，也有自己的一些考量，包括经费使用的较高自由度、长期稳定的经费支持、自由不设限的学术交流机会，以及教育和公共传播，等等。

除了稳定的经费支持之外，峰基金还将提供包括国际交流项目资助、研究生和博士后奖学金、国际科学会议参会支持、科学家俱乐部在内的各种科研支持项目，部分项目将在近期陆续启动。

我们相信，人类的未来，中国的未来，是一片星辰大海。而科学会给我们插上去往远方的翅膀。在这场将要持续千百年的求索中，希望我们的峰基金能略尽绵薄之力，帮助中国的生命科学家们飞得更高、走得更远。

25　围绕神经细胞转分化技术的争论

　　我们将要讨论的这项研究，初看起来其实是一项负面结果，但也有非同寻常的正面意义。

　　这项研究和神经细胞再生有关。我们知道，成年人的大脑中含有大约 860 亿个神经细胞，这是我们人类所有智慧、情感、行为的基础。正常情况下，成年人脑几乎不会产生新的神经细胞；相反，神经细胞的大量损失往往会导致严重疾病，比如帕金森病、阿尔茨海默病等。针对这个麻烦，有一个探索方向，在基础研究和临床应用领域都非常重要：那就是通过遗传学手段，把大脑中围绕神经细胞、为神经细胞提供支持的所谓胶质细胞"转分化"成神经细胞，让它们紧急上岗，顶替损失掉的神经细胞发挥功能，延缓大脑病变。

　　在这个方向上有两个明星分子，一个是 NeuroD，一个是 Ptbp1。我们在《巡山报告 02》中给大家介绍过后面这个分子，当时有两个实验先后报道如果在小鼠大脑中人为降低 Ptbp1 蛋白质的活动，就可以将星形胶质细胞转分化成为神经细胞，也能因此改善帕金森病小鼠的运动功能。当然，我们当时的重点是两个实验室之间关于想法和数据所有权的争议问题，这里放下不表。

另一个分子 NeuroD 也很重要，它是引导神经系统发育的重要基因，仅在神经细胞而非胶质细胞中表达。人们发现，强行提高 NeuroD 基因的活动，也能将星形胶质细胞转分化成为神经细胞。目前围绕这两个"明星分子"，大量基础研究和临床探索都在进行中。

但就在 2021 年 9 月 27 日，来自美国得州大学西南医学中心的科学家们在《细胞》杂志上发表了一篇论文声称，这两个明星分子都不能真正引起神经细胞再生，过去人们观察到的现象，很可能只是实验操作带来的假象！[1]

这项研究有很多重要的技术细节，咱们这里就不展开得太详细了。简单来说，之前人们研究的主要手段是这样的：制造一个病毒（具体来说是腺相关病毒 AAV），把它注射到动物大脑的某个位置。这个病毒进入以后会入侵感染注射部位附近的很多细胞，也有神经细胞，也有胶质细胞。但这个病毒的基因序列经过了特殊设计，使得它只会在胶质细胞内部启动特定基因的表达，增强 NeuroD 基因的功能，或者降低 Ptbp1 基因的功能。然后人们过段时间解剖小鼠的大脑，观察这些被病毒感染过的、基因被定向操纵过的胶质细胞，是不是能变成神经细胞。过去的观察发现确实如此。

但新的研究中，研究者们对这个现象本身提出了挑战，他们怀疑的起点是，如果这个从胶质细胞向神经细胞转化

---

1 Lei-Lei Wang, et al. "Revisiting astrocyte to neuron conversion with lineage tracing in vivo," *Cell*, 2021.

巡山大事记   179

的过程确实存在，那么在小鼠大脑中应该会观察到不少正在转化过程中的"中间状态"细胞，但他们并未观察到这个结果。因此，他们转而猜测，也许转分化本身并不存在？

这当然是个很大胆的猜测。如果转分化过程根本没有发生，那么如何解释之前的研究中，病毒感染过的胶质细胞确实变成了神经细胞呢？研究者们的猜测是，也许这是因为用于操纵基因的病毒自己出了问题，病毒在感染过程中出现了"泄漏"，在不该活动的神经细胞内部活动了。这样一来，当人们观察到新生的神经细胞的时候，自然会认为它们是在病毒的影响下从胶质细胞变来的，但实际上它们却可能本来就是神经细胞。

这当然是个很微妙的推测，技术上也很难得到严格证明。但研究者们用了两个新的方法，证明了自己的猜测。

第一个方法是，他们利用转基因小鼠，对几乎所有的胶质细胞首先进行了荧光标记。然后再用原来那一套病毒感染的方法实现神经细胞转分化。结果发现，预先被标记过的胶质细胞都没有转分化，而所谓成功转分化的细胞，本来就不是胶质细胞。

第二个方法更巧妙，他们这次预先标记了大脑中的神经细胞，然后再用原来那一套病毒感染的方法实现神经细胞转分化。结果发现，所谓成功转分化的细胞，都属于这些已经被预先标记过的细胞——也就是说它们其实本来就是神经细胞！

这两个实验一正一反，说明 NeuroD 这个明星分子根本无法实现大脑中胶质细胞向神经细胞的转化。曾经人们的观察发现，其实是因为操纵 NeuroD 基因所以使用的病毒偷偷地在神经细胞，而非胶质细胞里启动了。打个比方，比如我号称自己发明了一个神奇的药水，任何癌症患者一吃就药到病除。但是我做试验的时候阴差阳错，选来的全部都是被误诊为癌症的健康人。那这些健康人吃了药之后当然身体健康、活蹦乱跳，但这完全不能说明我的药水管用，仅仅是因为我的药使用到了错误的对象上而已。

　　与此同时，研究者们还测试了另一个明星分子 Ptbp1，发现操纵它也无法实现神经细胞的转分化！这些负面结果说明，整个神经细胞转分化领域都面临严峻的挑战，哪些为真哪些为假，哪些发现可能是假象，哪些成果还能推向临床，可能都需要严肃审视。

　　当然，平心而论，生物研究出现波折反复本身是非常正常的，因为我们研究的对象实在太复杂、变量也太多了。就以这次介绍的几项研究为例，其实也仍然存在不少目前数据还无法达成一致、无法合理解释的地方。比如，如果根本无法实现转分化，那么之前为什么人们观察到了小鼠疾病状况的改善？还有，为什么在体外培养的条件下转分化可以进行？还有，被质疑方也发表论文，声称类似的问题主要是因为过高浓度的病毒感染引起，如果小心控制病毒浓度，那么仍然可以观察到 NeuroD 基因的转分化效果[2]。

　　我专门讨论这项研究，不是为了盖棺定论，而是为了

2　Zongqin Xiang, et al. "Lineage tracing of direct astrocyte-to-neuron conversion in the mouse cortex," *Neural Regeneration Research*, 2021.

提醒各位，在研究生物体这个复杂系统的时候，在研究人类疾病甚至是试图治疗疾病的时候，需要非常小心地反复求证。任何过于简单化的实验操作和数据分析，可能都会带来破坏性的结果。

现代中国人从哪里来

致谢

这本书能够顺利和你见面，首先要感谢《得到》APP的几位朋友：罗振宇、脱不花、宣宣（宣明栋）、老耿（耿立杰）。那天餐桌上的一次闲谈，直接催生了这个长期追踪生命科学最新进展和重要节点性事件的项目。罗胖那天说的一句话至今我仍然印象深刻：在这个热闹浮躁的时代，认认真真做一件事，而且长期做下去，价值就会自然浮现。也记得宣宣的一句"大王叫我来巡山"，直接敲定了这个大工程的名字。在过去这一年里，老耿督促我把每一期的巡山报告写出来，并帮助我好好打磨它直到可以带给读者。

在本书成文的过程中，我经常地从许多位科学界、传媒界、产业界朋友那里获得重要的信息和洞见：胡霁、沈伟、李浩洪、李太生、张文宏、杨建益、卢培龙、马秋富、付巧妹、王传超。在这里要对他们表示感谢。

感谢湖南科学技术出版社的李蓓编辑。她在第一时间就表达了对《巡山报告》的喜爱，也始终尊重我对这个长期项目的规划和定位。希望我们可以长期合作。

感谢我亲爱的家人：我的妻子沈玥，两个女儿洛薇和洛菲，我的爸爸妈妈。你们的支持和理解让我能够开始这项试图战胜时间的实验。

当然，最后更要感谢正在阅读本书的你。就像我在本书开头所说，未来在我们这一代人的手中，在我们这一代人的眼里。欢迎你和我一同踏上这趟穿过历史、走向未来的旅程。如果你有任何发现和想法希望分享，这里是我的联系方式：电子邮箱——lmwang83@vip.163.com。

未来二十八年，我们不见不散。

图书在版编目（CIP）数据

巡山报告 : 现代中国人从哪里来 / 王立铭著 .—长沙 : 湖南
科学技术出版社 , 2022.12
ISBN 978-7-5710-1878-8

Ⅰ . ①巡… Ⅱ . ①王… Ⅲ . ①生命科学—普及读物 Ⅳ . ① Q1-0

中国版本图书馆 CIP 数据核字（2022）第 215118 号

XIANDAI ZHONGGUOREN CONG NALI LAI
现代中国人从哪里来

著者
王立铭

出版人
潘晓山

责任编辑
李蓓

出版发行
湖南科学技术出版社

社址
长沙市芙蓉中路 416 号泊富
国际金融中心 40 楼

湖南科学技术出版社
天猫旗舰店网址
http://hnkjcbs.tmall.com

邮购联系
本社直销科 0731-84375808

印刷
长沙超峰印刷有限公司
（印装质量问题请直接与本
厂联系）

厂址
宁乡市金洲新区泉州北路100号

邮编
410600

版次
2022 年 12 月第 1 版

印次
2022 年 12 月第 1 次印刷

开本
850mm × 1168mm 1/32

印张
6.75

字数
130 千字

书号
ISBN 978-7-5710-1878-8

定价
48.00 元